特高压交流变电工程设计典型案例

国网经济技术研究院有限公司　胡劲松　主编

内 容 提 要

本书通过对 2004～2017 年特高压交流变电站工程设计中站址选择、电气一次、电气二次、土建等专业的若干典型案例进行回顾和分析，系统总结了特高压交流变电站工程设计的成果和经验教训。

全书共分为工程概述篇、站址选择篇、电气一次篇、电气二次篇、土建篇、大件运输篇和设计配合篇。所选取案例均为来自于参与特高压交流变电技术攻关、工程设计和建设的全体技术人员的智慧结晶。

本书可供特高压变电工程设计人员使用，也可供从事电力建设、运维的单位及科研院所的相关人员参考。

图书在版编目（CIP）数据

特高压交流变电工程设计典型案例 / 国网经济技术研究院有限公司，胡劲松主编. —北京：中国电力出版社，2018.7

ISBN 978-7-5198-2443-3

Ⅰ. ①特… Ⅱ. ①国… ②胡… Ⅲ. ①特高压输电–变电所–电力工程–工程设计–案例 Ⅳ. ①TM63

中国版本图书馆 CIP 数据核字（2018）第 218258 号

出版发行：中国电力出版社
地　　址：北京市东城区北京站西街 19 号（邮政编码 100005）
网　　址：http://www.cepp.sgcc.com.cn
责任编辑：罗　艳（yan-luo@sgcc.com.cn，010-63412315）
责任校对：黄　蓓　太兴华
装帧设计：张俊霞
责任印制：石　雷

印　　刷：三河市万龙印装有限公司
版　　次：2018 年 7 月第一版
印　　次：2018 年 7 月北京第一次印刷
开　　本：710 毫米×980 毫米　16 开本
印　　张：13.25
字　　数：240 千字
印　　数：0001—1500 册
定　　价：118.00 元

编 委 会

编写成员

主　　编　胡劲松

副 主 编　黄宝莹

编写人员　杨小光　张迎迎　王　晖　张　婷　林柏春
　　　　　应　捷　李龙才　乔刚强　崔中宁　马东升
　　　　　高　戈　张　力　张　扬　刘　菲　周　毅
　　　　　于海承　李建勤　潘益华　杨　彪　伍鑫元
　　　　　佘　淼

前　言

党的十九大报告中明确提出，推进能源生产和消费革命，构建清洁低碳、安全高效的能源体系。国家电网公司以习近平新时代中国特色社会主义思想为指导，开启建设具有卓越竞争力的世界一流能源互联网企业新征程。特高压电网的建设有利于优化能源配置，促进可再生能源开发和生态环境治理，积极推进智能电网和城乡电网建设，发展电动汽车设施，进一步发挥电力产业先导作用。

自2004年提出建设特高压电网以来，国家电网公司坚持走自主创新道路，实现了一系列重大突破，全面验证了特高压的可行性、安全性、经济性和优越性。2012年，“特高压交流输电关键技术、成套设备及工程应用”荣获国家科学进步奖特等奖，这是党和国家对特高压交流工程创新成果给予的最高褒奖，也是电力工业领域在国家科技奖上获得的最高荣誉，标志着代表国际高压输电最高水平的特高压交流输变电技术已经成熟，为交流特高压的大规模应用打下了坚实基础。截至2017年年底，国家电网有限公司已投运“晋东南—南阳—荆门特高压交流试验示范工程”等共计9个特高压交流输变电工程，共建成1000kV变电站26座，由国家电网所属13家网省公司负责运维。“十三五”期间，特高压电网将进一步发展，继续发挥其在国家能源战略中的重要作用。

本书通过对2004～2017年特高压交流变电站工程设计中站址选择、电气一次、电气二次、土建等专业的若干典型案例进行回顾和分析，系统总结了特高压变电站工程设计的成果和经验教训。

全书具体分工如下：胡劲松负责全书的章节安排、案例选取及电气一次篇、土建篇的编写；国网经济技术研究院有限公司、西北电力设计院有限公司、西南电力设计院有限公司、浙江省电力设计院有限公司的相关专业人员主要参与编写站址选择篇；国网经济技术研究院有限公司、华北电力设计院有限公司、东北电力设计院有限公司、西南电力设计院有限公司、华东电力设计院有限公司、西北电力设计院有限公司、浙江省电力设计院有限公司的相关专业人员主要参与电气一次篇的编写；中南电力设计院有限公司、华北电力设计院有限公司的相关专业人员主要负责电气二次篇的编写；国网经济技术研究院有限公司、华北电力设计院有限公司、东北电力设计院有限公司、西南电力设计院有限公司、西北电力设计院有限公司、中南电力设计院有限公司、浙江省电力设计院有限公司的相关专业人员主要参与土建篇的编写；国网经济技术研究院有限公司、华东电力设计院有限公司、东北电力设计院有限公司的相关专业人员主要参与编写大件运输篇；国网经济技术研究院有限公司、西北电力设计院有限公司的相关专业人员负责设计配合篇的编写；国网经济技术研究院有限公司的专业人员负责书稿的校审工作。

特高压交流变电站的建设成果和设计经验是参与特高压交流变电技术攻关、工程设计和建设的全体技术人员的智慧结晶，本书的编写过程也得到了相关设计单位、科研单位多位专家的细心指导和宝贵建议，在此向他们表示衷心感谢，并借此向为本书编辑出版提供支持和帮助的单位和个人致谢。

由于特高压交流工程设计技术发展迅速，加上作者水平有限，书中难免存在不妥与不足之处，敬请各位读者批评指正！

编　者

2018 年 5 月

目　录

工程概述篇

从2006年8月晋东南—南阳—荆门特高压交流试验示范工程获得核准并开工至今，我国已累计建成1000kV特高压变电站（开关站）26座、1000kV串补站1座。

截至2017年年底，已投运的特高压交流变电工程如表1-0-1所示。

表1-0-1　　特高压交流变电工程一览表

序号	工程名称	变电站	投产年份
1	晋东南—南阳—荆门特高压交流试验示范工程	晋东南1000kV变电站 荆门1000kV变电站 南阳1000kV变电站	2009
2	皖电东送淮南至上海特高压输变电工程	淮南1000kV变电站 皖南1000kV变电站 浙北1000kV变电站 沪西1000kV变电站	2013
3	浙北—福州1000kV交流特高压输变电工程	浙中1000kV变电站 浙南1000kV变电站 福州1000kV变电站	2014
4	淮南—南京—上海1000kV交流特高压输变电工程	南京1000kV变电站 泰州1000kV变电站 苏州1000kV变电站	2016
5	锡盟—山东1000kV交流特高压输变电工程	锡盟1000kV变电站 北京东1000kV变电站 济南1000kV变电站 承德1000kV串补站	2016
6	蒙西—天津南1000kV交流特高压输变电工程	蒙西1000kV变电站 晋北1000kV变电站 北京西1000kV变电站 天津南1000kV变电站	2016
7	锡盟—胜利1000kV交流特高压输变电工程	胜利1000kV变电站	2017
8	榆横—潍坊1000kV交流特高压输变电工程	榆横1000kV开关站 晋中1000kV变电站 石家庄1000kV变电站 潍坊1000kV变电站	2017
9	山东临沂换流站—临沂变电站1000kV交流特高压输变电工程	临沂1000kV变电站	2017

本书从设计角度出发，结合十余年来的特高压交流工程设计经验，选择了41个工程案例，涵盖了站址选择、电气一次、电气二次、土建、大件运输、设计配合六方面的工程实例。通过分析这些案例，总结了特高压变电站设计和建设过程中的经验和教训，为特高压应用打下坚实的基础。

站址选择方面，选取了 3 个典型案例，包括行政区域交界处站址的政策处理问题、需要对周围线路进行迁改的情况以及与石油、天然气或其他相关管线距离调整的问题。站址位于行政区域交界时需要重点考虑行政管理、执行标准、运行习惯等方面的差异；与相关管线距离处理问题主要是解决站址（排水管道）与周边石油、天然气等管道的距离控制、交叉跨越等设计难题；电力线路迁改问题主要是通过调整站址位置、出线方向等手段，尽量减少线路的迁改和钻跨。

电气一次方面，选取了与配电装置与平面布置、接地设计、电气抗震设计、站用电设计、降噪设计、备用相布置与更换、建设与运行等有关的 12 个典型案例。配电装置与平面布置案例主要是通过各项计算和校验，确定配电装置布置尺寸，结合运行、检修、环境条件等具体要求确定合理的电气平面布置方式；接地设计案例主要是针对 1000kV GIS 设备的接地要求开展设计以及在土壤电阻率极高地区如何选择合理的降阻方案；电气抗震设计案例主要是针对高地震烈度地区，提出主变压器和高压并联电抗器等设备的抗震设计方案；站用电设计案例重点是考虑站用电源的供电可靠性，总结已投运的站用电设计方案的不足之处，并提出缺陷修改完善措施；降噪设计案例是在环境保护要求日益提高的现实条件下，对变电站降噪措施及效果做出整体分析并提出方案；备用相布置和更换设备主要是考虑变电站安全稳定运行的要求，尽可能迅速地更换设备，提高施工效率，减少停电时间；建设与运行方面详述了智能机器人巡检方案的配合设计，为满足机器人巡检的要求，合理的优化了平面布置。

电气二次方面，选取了母线保护、主变压器励磁涌流抑制、110kV 断路器相位控制装置二次接线、1000kV 及 500kV GIS 二次接线、在线监测电源、蓄电池及直流电源等方面的 7 个典型案例。母线保护案例主要研究了 1000kV 及 500kV 母线保护启动失灵开入回路设计的规程规范要求，以及采用单开入和双开入回路接线的区别；主变压器励磁涌流抑制案例阐述了励磁涌流形成的原理及危害，分析研究了不同抑制措施，结合工程实例提出了励磁涌流抑制装置的配置方式和二次接线；110kV 断路器相位控制装置二次接线案例分析研究了 110kV 无功补偿间隔断路器相位控制装置与断路器操作箱在实际接线中存在着误发信号问题，并提出解决问题的具体方案；GIS 二次接线案例分析研究了 3/2 断路器接线中预留间隔隔离开关位置上送的缺陷，并提供具体解决方案；油色谱在线监测电源案例分析了在线监测装置因频繁启停导致损坏的原因，提出三种不同解决方案，并分析了各自的优缺点；蓄电池案例提出了蓄电池室设置可燃气体探测器的具体实施方案；直流电源案例提出了直流分电屏的不同设置方案，并分析了各自的优缺点，提出了两种消除安全隐患的思路。

土建方面，选取了场平处理、站区外设施影响、道路高边坡设计、建筑防风沙设计、绿色建筑设计、特高压 GIS 厂房设计、构支架及基础设计、地基处理、基坑支护设计等 16 个典型案例。场平处理案例是分析了某高差较大站址的场平处理方案，根据填方区土层厚度，分别采用强夯、机械碾压的处理方式；站区外设施影响案例介绍了设计综合考虑站址安全性、建设经济性及对当地居民影响等因素，合理选择设计方案的工程实例；道路高边坡设计案例介绍了根据现场实际情况，经过多方案技术经济比较，确定最终高边坡实施方案的工程案例；针对建筑物防风沙问题，通过采用加设门斗、结合风沙气候进行门窗选型、加强洞口收边及变形缝处理等措施改善风沙对建筑的影响；绿色建筑设计是通过实施一些可行的绿色措施，获得可观的绿色效益；特高压 GIS 厂房设计主要介绍了 1100kV GIS 采用户内布置，厂房采用钢排架结构的设计方案；构支架及基础设计主要是通过工程实例分析，总结经验和教训，设计中需关注关键部位的构造型式、设计方法、施工方法及施工控制等；站区地基处理案例通过综合考虑地质、水文、基础类型、使用功能、荷载特征等因素，结合工程所在地的建设经验，因地制宜地确定实施方案；基坑支护设计案例是针对软土地区情况受限的深基坑支护问题进行了分析，提出采用钢板桩进行支护的方案。

大件运输方面，选取了大件运输方案优化是通过分析 1000kV 变压器和并联电抗器等大件设备的运输特点和难点，提出了运输措施和方案。变压器解体运输案例总结了主变压器本体拆解运输至变电站现场后进行组装就位的设计经验。

设计配合方面，仅选取了 1 个典型案例，主要是针对工程中出现的相序不一致的情况，提醒设计应关注专业配合，避免后续工程中出现类似问题。

站 址 选 择 篇

站址选择是特高压变电工程的基础和关键。其服务于地区经济建设和电网规划，受限于自然地质条件和场地周边设施，需避免与地方政策和法律冲突，宜选择占地合理、经济最优、技术可行、建设、便利、运输便捷、环境友好的站址方案。

站址选择是一项对工程建设有着决定性影响的综合性工作。政策上需要配合地区规划、土地性质、拆建情况、环境影响，电力规划上需要结合负荷接入、进出线情况，技术上需要避开不利地质、地形，满足场地处理、交通运输、供排水、施工等条件，以实现技术经济性的最优比选。

此次以 3 个典型案例为代表，涉及政策法规处理、周边设施影响、电网规划配合等相关问题，着重给出处理问题时的分析过程和经验总结。

案例一　地区交界站址选择方案

站址位于省界、市界等不同行政区划时，可能存在行政管理、执行标准、运行习惯等方面的差异，会给设计带来一定困难。A 1000kV 变电站站址位于上海市与江苏省交界，站址的出线路径及噪声执行标准对站区总体规划及总平面布置方案有很大影响。本案例通过对站区总体规划及总平面布置方案进行优化解决了出线路径受限问题，设计通过比选采取合理的降噪措施以适应两个地区不同的噪声标准要求。

基本情况

A 1000kV 变电站站址位于江苏省苏州市以东 50km 的昆山市花桥镇经济开发区东北部，站址北侧、东侧紧靠苏沪边界，南侧为新开河及新庄排涝站，西侧紧临新建的天福配套路，5903、5913 牌渡线穿越站址的上空。根据昆山市城市总体规划，站址所处区域以生态控制用地、发展保留用地为主，为生态农业共建地区，基本满足作为特高压站址的需要。

研究分析过程

本站站址用地紧凑，且站区方位受限制，无法调整布置角度。

站址三面临河，自然地面高程低于百年一遇设计洪水位，不满足防洪要求，需将站区场地填土垫高。

站区北侧围墙紧靠苏沪界河，北侧 1000kV 出线终端塔只能布置在河对面上海境内，由于无法取得上海市相关线路协议，站区 1000kV 无法向北侧出线，只能考虑向东西两个方向出线，站址位置如图 2－1－1 所示。

由于站址紧邻苏沪边界，变电站周围声环境执行标准需同时满足两个省的不同要求，江苏侧执行《声环境质量标准》（GB 3096—2008）2 类标准，上海侧则执行《声环境质量标准》（GB 3096—2008）1 类标准，为变电站噪声治理方案带来困难。

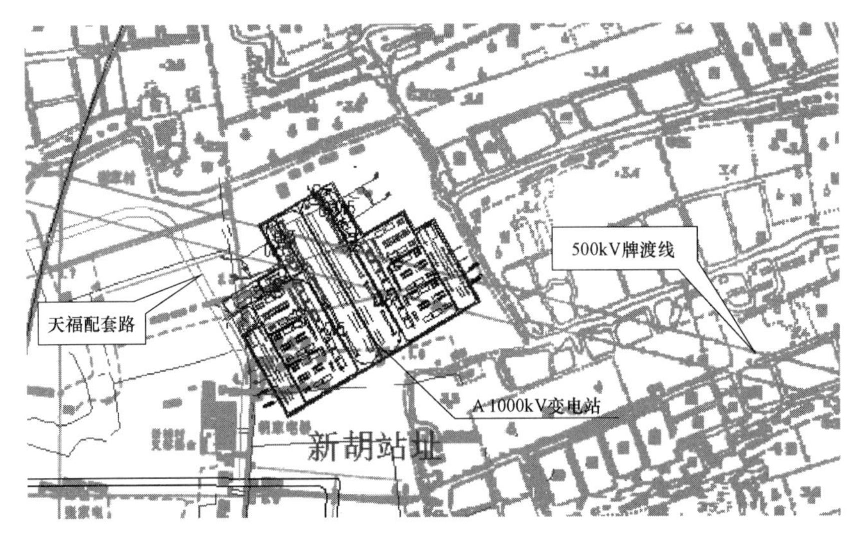

图 2－1－1　A 1000kV 变电站站区站址位置图

设计方案

站址总体规划考虑地理位置、地形地势、地质条件、系统规划、建设规模、供排水条件、对外交通及大件运输等外部因素，根据工艺要求和出线走廊规划，按最终规划规模，远近结合、统筹规划。经综合考虑，确定 A 1000kV 变电站总体规划原则为：1000kV 出线向东、西两个方向，规划 4 回，本期 4 回；500kV 出线向东、西两个方向，规划 8 回，本期 4 回；进站道路由位于站址西侧的沿沪大道引接，站区主入口设在站区西侧。

通过优化站区总平面布置方案，1000kV GIS 配电装置采用断路器双列式布置，压缩了站区南北向尺寸，不仅解决了站址南北向用地限制，还保证了 1000kV 从站区东西两侧顺利出线。

江苏省和上海市提出了不同的噪声治理标准，江苏侧、上海侧噪声控制水平本期及远期厂界及周边区域噪声水平分别执行《工业企业厂界环境噪声排放标准》（GB 12348—2008）和《声环境质量标准》（GB 3096—2008）中规定的“2 类、1 类”标准要求。厂界 2 类即昼间 60dB（A）、夜间 50dB（A），厂界 1 类即昼间 55dB（A）、夜间 45dB（A）。

设计考虑了两种辅助降噪措施：

（1）设备加装隔声罩，在声源处抑制噪声；

（2）加装隔声屏障，控制传播途径。

通过采用 Sound PLAN 软件进行模拟计算，最终确定采取本期 1000kV 并联电抗器加装隔声罩，在主变压器靠近上海侧设置 6.5m 高隔声屏障，局部围墙加高至 5m；远期在 5m 高围墙上增设 7m 高隔声屏障，如图 2-1-2 所示。该降噪措施属于较为有效的辅助降噪措施，变电站一期工程设计围墙基础时，需兼顾考虑远期围墙上的隔声屏障。采取上述措施后，噪声水平可以满足要求。

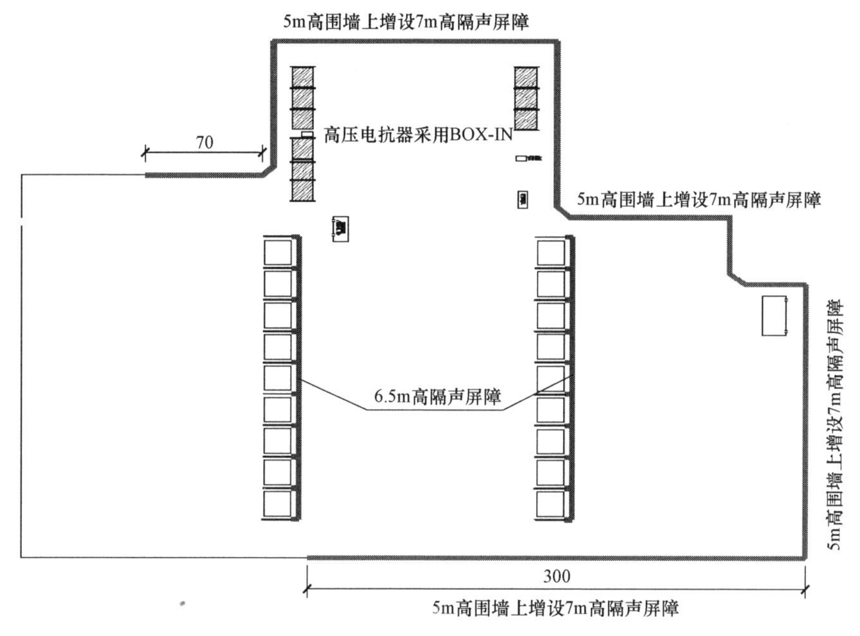

图 2-1-2 A 1000kV 变电站降噪方案示意图

实施情况与经验体会

现场已根据设计优化方案实施，不仅 1000kV 出线顺畅引接，且顺利通过环评验收，保证了工程的顺利投产。

通过分析 A 1000kV 变电站站址周边环境对站区总体规划及总平面布置方案的影响，对今后的设计工作提出如下建议：

工程站址选择过程中应尽量避免站址临近省（直辖市）界，以降低因不同省（直辖市）执行不同标准而带来的工程建设难度。如确无法避免，应注意收集不同地区的工程建设要求和执行标准。

案例二　站址区域与相关管线距离处理方案

站址规划应与当地城镇规划、工业区规划、自然保护区规划相协调，避让电力设施及天然气管道等管线，并应满足其避让距离。本案例以 P 1000kV 串补站为例，从站址区域避让天然气管道及站外排水管道两个方面，提出了合理的站址调整方案，为避让天然气管道、石油管道的类似工程提供实践经验。

基本情况

P 1000kV 串补站可研阶段确定站址时，尚未规划天然气管道，但因工程时间节点不同，串补站开始初步设计时，天然气管道工程已开始实施。根据《中华人民共和国石油天然气管道保护法》《石油和天然气工程设计防火规范》（GB 50183—2004）、《输气管道工程设计规范》（GB 50251—2015）等相关法规，电力设施与天然气管道避让最大距离为 50m，电力设施与阀门室等附属设施避让最大距离为 100m。串补站站址西侧布置有天然气管道，北侧布置有天然气管道截断阀室和放空管，东侧为 G111 国道，南侧为三道营村庄。原站址位置控制点不满足规范避让最大距离的要求。

P 1000kV 串补站站区雨水不能全部回收利用，必须外排。站区排水需排至串补站西侧小滦河，站外排水管长 650m。串补站与小滦河之间（站址西侧 150m 处）横跨天然气管道，串补站站外排水管须跨越天然气管道，跨越施工操作难度较大。

研究分析过程

站址位置调整前，西侧天然气管道局部穿越站区北侧靠近围墙场地。经研究，串补站及出线段发生短路故障不会对天然气管道产生不利的电磁影响，因此串补站站区位置可向东南方向移动。

站址位置调整后，避开了天然气管道和管道阀门室，使得站址控制点距离西侧天然气管道 150m，距离天然气管道阀门室 300m，满足了国家规范及相关法规的要求。同时，调整后的站址避开了低洼处的稻田，充分利用旱地。

串补站站内雨水经站区雨水管道收集后进入雨水收集池，需经潜水排污泵升压排入小滦河。串补站与小滦河之间（站址西侧 150m 处）横跨一条大唐克旗煤制天然气项目管道，该天然气管道为内蒙古到北京的天然气输送管道，串补站站外排水管须跨越天然气管道。跨越处天然气管管底深度为2.9m，天然气管顶上方0.2m敷设有天然气管道的伴行光缆。串补站排水管与天然气管道交叉跨越，须避让天然气管道与光缆，同时确保天然气管道及光缆的安全。

《输气管道工程设计规范》（GB 50251—2015）规定：埋地输气管道与其他管道、电力、通信电缆的间距应符合下述规定输气管道与其他管道交叉时，其垂直净距不应小于0.3m。当小于0.3m时，两管道应设置坚固的绝缘隔离物；管道在跨越点两侧各延伸10m以上的管段，应采用相应的最高绝缘等级。

根据规范要求，串补站排水管与天然气管道交叉设计方案为排水管埋地从天然气管及其伴行光缆上方0.3m埋地跨越，由于天然气管道目前在运行，串补站站外排水管与天然气管道交叉施工存在较大风险。

针对站址具体情况，分析比较了排水管从天然气管道上方跨越和从天然气管道下面穿越方案：

（1）排水管从天然气管道上方架空跨越方式，需对排水管地上部分重新征地。排水管露出地面易受外力破坏，需定期运行维护，成本较高，且二次征地存在较大困难，该方案不具备可行性。

（2）排水管从天然气管道下面穿越方式，排水管跨越段埋深较深，地下水较浅，且建设期间雨水充沛，深基坑开挖会有大量地下水，施工时需采取降水措施，风险较大。若采用顶管施工，施工作业面大，施工精度要求高，对天然气管道运行风险较大，该方案不具备可行性。

（3）排水管从天然气管道及伴行光缆上面埋地敷设，管道长度短，保温材料少，埋地管道仅考虑租地，施工简单，对天然气管道运行影响最小。施工时对天然气管道做好防护措施，管道上方的土层进行部分挖填不会对天然气管道运行产生影响。排水管底距离光缆0.6m，天然气管顶0.8m，冻土以上的管道采用保温措施，并对跨越段管道采用绝缘材料包裹，在排水管道下设置钢筋混凝土垫层。该方案实施效果良好，具有可行性。

设计方案

根据研究分析和工程建设各方协商确定的布置原则，站址向场地东南侧移动，距离东侧 G111 国道及南侧村庄满足规范要求，最终确定站址方案为站区围墙距西侧天然气管道控制距离约150m，距北侧管道阀门室控制距离约300m。站区围墙距国道边沿最近处约133m，且需留有1000kV线路终端塔位置。为避免影响人口密集居住区，站区围墙与村庄最近民房控制距离约200m。

排水管从天然气管道及伴行光缆上面埋地敷设，排水管底距离光缆 0.6m，天然气管顶 0.8m，冻土以上的管道采用保温措施，并对跨越段管道采用绝缘材料包裹，在排水管道下设置钢筋混凝土垫层。为增加排水管跨越段埋深，该方案将跨越段排水管管径由 DN1000 改为 DN800，在跨越天然气管道处，以天然气管道中心线两侧各 1.5m 宽、25m 长的范围内，地面增加 500mm 厚填土，在四周设置混凝土桩进行保护，并做标识。

作业时施工单位制定专项施工方案，严格按照相关要求作业，做好天然气管道的保护工作。管线两侧各 5m 范围内全部采取人工开挖，严禁机械开挖。跨越段采用整体吊装，焊接作业在远离天然气管道的地方进行，机械设备不得在天然气管道两侧 5m 范围内作业，且不得碾压管道，管道施工完毕后需设置完整标识，便于辨识。

为方便后期天然气管道检修，排水管道设计中跨越段外侧设活连接（法兰连接），法兰连接处垫层采用三七灰土垫层，法兰盘外用防水材料包裹，要求串补站运行单位每隔三年左右对法兰盘进行检修维护，及时更换锈蚀损坏的螺栓、垫片等。

实施情况与经验体会

调整后的设计方案切实可行，满足相关规程规范要求并顺利实施并且运行良好。

对于可研与初设间隔时间较长的工程，应关注站址周边规划、环保等方面出现的变化；核实站址周边是否存在石油管道、天然气管道，站址布置与石油管道、天然气管道控制距离是否满足规范要求；站址布置与附近道路、村庄是否保持了足够的安全距离。

案例三　电力线路迁改方案

变电站站址内电力线路迁改是一项涉及技术方案与政策处理的综合性问题，地域差异大且存在实施难度。本案例介绍了 B 变电站站址内 220kV 线路迁改的实施方案，通过采取积极的政策处理配合措施和技术方案优化手段，克服了外部压力，确保了工程的顺利推进。

基本情况

B 1000kV 变电站地处煤炭能源基地，此区域运行与建管单位不一致。站址选择受限于周围地形地貌、负荷接入条件、避免压覆煤矿等因素影响，可研阶段推荐站址区域已建有两回 220kV 水电送出线路，部分塔基及线路位于站址内，线路的迁改工作成为变电站主体工程推进的重大阻碍。

研究分析过程

为尽量降低线路迁改对本体建设进度的不利影响，需要从初步设计和施工图两个阶段入手，结合不同阶段的技术条件提出技术可行、经济合理、政策处理难度较小的总体方案。

1. 初步设计阶段

初步设计阶段的设计工作重心为方案优化，结合可行性研究成果，充分考虑技术方案可优化的方向，综合分析站址条件的制约因素，通过调整站址红线范围和站址位置，达到减少线路穿越长度和迁改工程量为目的。

2. 施工图阶段

一般情况下，线路迁改工作应在变电站施工进场之前完成，但也应根据实际情况具体分析。在施工图阶段做好如下的工作：

（1）重点分析迁改工作实施技术难点，确保将迁改工作量、停电影响降到最低，结合现场踏勘和设计优化，实现因地制宜。

（2）认真分析政策处理工作难点，全方位了解当地规划、国土、电力主管部门的工作流程，全面了解相应技术支撑性资料的相关要求，积极配合属地单位办理项目的相关合法合规性文件。

（3）因地制宜，理顺项目实施流程，尽可能满足不同业主单位的管理要求；通过技术引导，提高项目推进效率，尽量避免不必要的技术反复和无效协调工作，稳步推进迁改工程立项、申报、审查及实施工作。

设计方案

1. 初步设计阶段

初步设计阶段，站址北侧为压覆矿区域，站址南侧为村庄，受外部条件限制，站址无法进行大幅度移动，仅能通过优化减少变电站占地面积，最大限度避开两回输电线路路径。优化前后的线路迁改工程量对比见表 2－3－1。

表 2-3-1　　初步设计方案优化对比表

实施内容	优化前	优化后
拆除原线路总长度（km）	7.5	5.25
拆除塔基数量	铁塔 17 基 水泥门型杆 2 基	铁塔 14 基 水泥门型杆 2 基

由表 2-3-1 可以看出，通过占地优化，初步设计优化方案有效减少了影响范围和迁改工程量。

2. 施工图阶段

首先结合现场情况，分析了线路迁改的主要实施难点：

（1）线路迁改的难点在于两条 220kV 线路为当地水电送出线路，在丰水期协调停电压力大。

（2）当地是煤炭基地，线路走廊资源稀缺，改建后的选线难度大，规划审批和用地政策处理困难。

（3）由于两条 220kV 线路均归属地方电网，管理模式和运维情况存在较大的差异，需协调当地电力公司，进行方案的审查和工程落实。

结合上述情况，经过综合分析和评估后，最终方案是将线路迁改工作与 B 变电站主体工程同步实施。

具体方案考虑“内外兼修”，内部最大限度优化线路迁改路径方案，站内尽量利用场地条件最大限度开展站内的施工作业，降低因改线延期带来的施工时间损失；外部加强与当地线路走廊审批主管部门、电力部门进行沟通，根据当地万家寨水电的季节性水量情况，积极协调停电时间。

实施情况与经验体会

现场实际完成线路迁改工作时间已经延后到土建主体施工阶段，通过前期的施工工序合理安排，未影响土建施工作业，保证了施工安全和工期。

结合 B 1000kV 变电站线路迁改实施情况，对今后的设计工作提出如下建议：

（1）站址选择阶段，应尽量避免站内有需要迁改的线路，尤其是当地较为重要的线路，例如水电、火电送出通道、区域中心供电线路等。

（2）若实在无法避免时，应注意在初步设计和施工图两个阶段积极开展优化工作，同时做好外部协调沟通和组织策划。对线路改迁类的工作应提前开展，与当地主管部门积极沟通，做好当地的政策处理工作，保证迁改工作早于本体工程完成，尽量在“四通一平”（水通、电通、路通、通信通，场地平整）阶段完成该项工作。

（3）在迁改与站内交叉施工的情况下，设计单位应及时划定安全施工范围，确定可用的施工作业场地。业主单位、监理单位、设计单位、施工单位等各方应积极配合，科学合理的调整施工安排和顺序，以确保施工安全和施工工期。

电 气 一 次 篇

电气一次是变电站设计的重要部分，是电力系统设计的重要环节，也是特高压变电工程设计重点。电气一次专业主要涵盖了变电站设计中的电气主接线、过电压保护、绝缘配合、电气设备选择、配电装置型式、电气总平面布置、导体和金具选择、防雷接地、照明、电缆敷设、噪声控制、抗震减震、站用电等方面的内容。

本着因地制宜、突出特色的原则，本篇选取了电气平面布置、抗震设计、接地设计、站用电设计、降噪设计等方面的 12 个电气一次设计的典型案例，对其逐一进行了详细论述和分析，并介绍了工程具体实施情况和案例带来的经验体会。

案例一　1100kV GIS 户内布置方案

GIS/HGIS 设备在低温环境中存在 SF_6 气体液化问题，会导致断路器的灭弧性能和绝缘能力的降低，影响开关设备的正常运行。本案例综合考虑 GIS 设备安全性、可靠性、运行维护便利性、吊装及运输空间以及扩建便利性，介绍了特高压变电站 1100kV GIS 户内布置设计方案。

基本情况

C 1000kV 变电站工程环境条件为：

极端最低气温	–39.8℃（1954 年 12 月 29 日）
历年极端最低气温平均值	–32.7℃
近 30 年最冷月平均气温	–16.9℃
最低日平均气温	–34.0℃

根据《导体和电器选择设计技术规定》（DL/T 5222—2005）中 6.0.2 条规定，屋外电器最高（最低）环境温度宜按一年中所测得的最高（或最低）温度的多年平均值选取。鉴于特高交流变电站在电力系统中的重要性，为提高站内设备运行的可靠性，保证当地汇集电源的可靠外送，避免设备绝缘气体压力下降发生闭锁的现象，最低温度推荐按–40℃选择。

通过对 1100kV GIS 设备调研，并综合考虑低温环境条件对 1100kV GIS 设备的影响、1100kV GIS 各设备的吊装、运输以及远期扩建、过渡方案等对多个 1100kV GIS 布置方案进行比选，推荐 C 1000kV 变电站采用 1100kV GIS 户内布置方案。

研究分析过程

1. 1100kV GIS 设备低温环境性能及解决方案

C 1000kV 变电站的 1000kV 配电装置采用 GIS 设备。由于低温环境的影响，GIS 设备中 SF_6 气体存在液化问题，从而导致高压 SF_6 断路器的灭弧性能和绝缘能力的降低，影响高压开关设备的安全运行。因此，1100kV GIS 在设备选择及配电装置在布置上需重点考虑低温环境对设备 SF_6 气体液化的影响。

目前，国内具备生产特高压交流开关类设备能力制造厂有 4 家。通过调研，国内主要 3 家设备制造厂除主、分支母线满足 –40℃运行要求外，其他气室均存在低温气体液化问题，设备可通过在设备外装设伴热带的方式确保气体不液化，保证设备安全运行。

（1）除提出针对低温环境解决 SF_6 气体液化的方案外，针对设备其他部分应对低温问题也提出了以下措施：

1）为保证特高压设备安全可靠运行，伴热带采用一用一备的配置方式，任何一组伴热带发生故障，都能保证设备继续可靠运行；

2）断路器液压操作机构箱体底部装设加热器进行加热，同时在其内壁粘贴隔热板，减少热量的散失；

3）为了保证低温密封环节的可靠性，采用低温密封圈，在外界环境温度 –40℃是仍能保证壳体间的良好密封。

4）为了保证 SF_6 密度计监控可靠性，采用低温密度计。

5）通过温控器控制加热装置自动投入或退出运行，保证伴热带及时投入，确保设备安全运行。

6）对于户外的长母线，经理论计算合理设置波纹管，来吸收母线的热胀冷缩变形量。

（2）采用混合气体解决低温问题的方案存在以下问题：

1）采用混合气体，需提高混合气体的额定气压，由此而引起操作功增大，机构设计可能修改；灭弧室结构等部位也可能需要修改，这些变化都给产品的设计和试验带来很大工作量，并需进行相关试验进行验证，可能需要很长的研发时间及很多的试验费用，具体的时间及费用暂无法给出；

2）设备到达现场后充混合气体时，比例易出差错；

3）运行一段时间后，气体泄漏比例暂无研究；补气时也不好控制两种气体的补入量；

4）变电站现场检修时，回收气体若再利用，混合比例又难测准确。

综上所述，本工程不考虑采用混合气体方案解决低温问题的方案，1100kV GIS 设备采用户内布置方案或在设备上配置伴热带以解决低温环境下气体液化问题。

2. 布置方案

为解决设备低温环境运行的需要，同时结合对3家设备制造厂的调研结果，提出二种解决方式：第一，将-40℃时发生液化气主要设备安装在户内，保证户内温度满足设备安全运行的要求；第二，设备全户外布置，通过设备加装伴热带保证气体温度。

结合工程站址情况，提出以下4个布置方案：

（1）方案一：地上户内方案（主母线在外）。室内设置桥式吊车，冬季建筑物采用电取暖。

1100kV GIS设备采用户内布置，主母线布置在建筑物外。同常规500kV GIS户内布置型式，建筑物为地上建筑，室内设桥式起重机。结合GIS设备主母线压力情况，尽量减小建筑物跨度、减小建筑物体积，进而减小建筑物电采暖负荷，GIS各主设备单元安装于户内，主母线、分支母线和套管安装在户外，GIS室内采用电采暖，以保证低温环境条件下设备的可靠运行。对于室外外露的进、出线空气套管可通过在底座处加装伴热带以解决SF_6液化问题。

（2）方案二：地上户内方案（主母线在内）。室内设置桥式吊车，冬季建筑物采用电取暖。

与方案一整体布局相同，与方案一区别仅在于将GIS主母线安装在GIS室内。

（3）方案三：半地下户内方案（主母线在内）。地上部分设置桥式吊车；冬季地下建筑物采用电取暖，浅层地温供暖作为辅助采暖措施。

GIS设备布置格局同方案二，区别为：建筑物结构分为地下及地上两部分，为解决低温环境对GIS设备的影响，GIS设备及主母线均安装于地下，GIS室采用半地下箱形结构，地面处设整体吊装式屋面板；地面上建筑物结构同方案一，室内设桥式起重机。冬季地下建筑物采用电取暖，浅层地温供暖作为辅助采暖措施，对于室外外露的进、出线空气套管加装伴热带以解决低温问题。

（4）方案四：地上全户外方案：GIS设备按照全户外布置。GIS设备本体加装伴热带，冬季低温时伴热带投入运行。

本方案与《国家电网公司输变电工程通用设计　1000kV变电站分册》布置一致。

3. 方案比选

以上4个方案主要目的是为了解决低温对GIS设备安全运行的影响，各方案均有特点，4个方案技术经济比较详见表3-1-1。

表3-1-1　　　　各方案技术比较表

序号	项目	方案一	方案二	方案三	方案四
1	运行可靠性	主要设备均布置在户内，受环境影响较小，提高设备安全运行可靠性；但主母线布置在户外，该地区季节性、昼夜温差较大，对于主母线伸缩量设计提出特殊要求	主要设备均布置在户内，受环境影响较小，提高设备安全运行可靠性	主要设备均布置在户内，受环境影响较小，提高设备安全运行可靠性	设备暴露在户外，该地区高寒、高海拔、风沙大、昼夜温差大，设备配套元件如橡胶密封件、液压机构、二次元件等均受环境影响较大，极易出现问题，设备安全运行可靠性低
2	设备安装	断路器、隔离开关等主要设备布置在建筑物内，设备利用户内桥式吊车安装，减少大吨位吊车的台班使用数量；安装环境好，不受极端天气影响；但主母线在建筑物外，冬季安装无法进行，对工程建设周期造成一定的影响	除出线套管及部分分支母线外均布置在建筑物内，设备利用户内桥式吊车安装，没有大吨数吊车台班使用数量；安装环境好，不受极端天气影响，便于工程施工建设，大多数设备安装均可在户内完成	除出线套管及部分分支母线外均布置在建筑物内，设备利用户内桥式吊车安装，没有大吨数吊车台班使用数量；安装环境好，不受极端天气影响，便于工程施工建设，大多数设备安装均可在户内完成	采用常规设备吊装方式，需使用大吨位吊车；安装受天气影响，临时安装房很难保证冬季施工环境条件要求，对工程建设总体进度造成影响
3	设备试验	需做出线套管的低温试验，对于平高设备还需做主、分支母线的低温试验	仅需做出线套管的低温试验	仅需做出线套管的低温试验	断路器、隔离开关、电流互感器、出线套管、操作机构均需做低温试验，且目前国内试验条件受限，试验周期较长，试验费用较大，试验结果存在不确定性
4	检修	建筑物内设备吊装相对容易至指定位置；检修环境较好，不受极端天气影响，但主母线布置在户外，受极端天气影响	建筑物内设备吊装相对容易至指定位置；检修环境较好，不受极端天气影响，仅出线套管及部分分支母线布置在户外，受极端天气影响最小	需将地下部分盖板移开，增加部分工作量，但在冬季检修时，需考虑对地下部分设备的保温措施。分支管母线检修时，空间相对受限	检修环境受天气条件影响较大，尤其与严寒、风雨天气无法进行检修；极端天气时突发事故无法及时处理
5	运维	运维环境好，相对舒适，不受极端天气影响。建筑物内设置SF_6气体监测及排放装置，防止发生人员伤害事故	运维环境好，相对舒适，不受极端天气影响。建筑物内设置SF_6气体监测及排放装置，防止发生人员伤害事故	运维环境好，相对舒适，不受极端天气影响。建筑物内设置SF_6气体监测及排放装置，防止发生人员伤害事故。运行人员需进入地下进行巡视、维护等，不符合常规巡视、维护习惯等	运维环境受天气影响较大，遇雨、雪、风等天气时，运维环境相对恶劣。设备伴热带需定期巡检，大大增加运维人员工作量

续表

序号	项目	方案一	方案二	方案三	方案四
6	采暖方式	建筑物采用电采暖，部分户外设备装设伴热带。采暖方式相对可靠，即使部分采暖设备故障，对建筑物内整体温度影响不大，更换或检修采暖设备时对 GIS 设备运行也没有影响。分支母线穿墙壁数量最多，存在影响建筑物保暖效果的隐患	建筑物采用电采暖，部分户外设备装设伴热带。采暖方式相对可靠，即使部分采暖设备故障，对建筑物内整体温度影响不大，更换或检修采暖设备时对 GIS 设备运行也没有影响	建筑物采用电采暖，浅源地热辅助采暖。部分户外设备装设伴热带。采暖方式相对可靠，即使部分采暖设备故障，对建筑物内整体温度影响不大，更换或检修采暖设备时对 GIS 设备运行也没有影响。运行人员需进入地下进行巡视、维护等，不符合常规巡视、维护习惯等	除主、分支母线外，所有设备气室均需装设伴热带。根据调研，伴热带使用寿命约 5 年，使用一定周期后需更换，增加费用，且伴热带更换若遇极寒天气，设备需退出运行，影响变电站安全稳定运行

通过以上分析比较，4 个方案在技术上均可行，各具特点。方案四不需要建筑物，布置型式相对简单。但是，该方案需要做低温相关试验，目前，国内试验室尚不具备该试验条件，同时试验周期及结果不可预测；冬季施工、运行维护条件恶劣，对建设周期造成限制，影响特高压工程运行可靠性，故此处不推荐该布置方案。方案三具有配电装置布置简单清晰、冬季寒冷季节理论上可减少采暖负荷优点，但由于土建建筑工程量大，本体投资高，施工周期长，且运行人员需进入地下进行巡视、维护等，不符合常规巡视、维护习惯等，故此处不推荐该布置方案。方案一与方案二布置型式基本相同，仅区别于主母线的布置位置，虽然方案一将主母线布置在建筑物外，可减小建筑物的体积，采暖负荷及费用有所降低，但考虑主母线也是 GIS 设备重要组成部分，其安装、运行环境也决定着工程建设周期及设备整体运行可靠性，且两方案综合经济比较差别不大，故推荐将主母线布置在建筑物内，即方案二。

设计方案

C 1000kV 变电站施工图阶段 1100kV GIS 设备采用己厂设备，主母线和串内设备布置于户内，分支母线和套管布置于户外，分支母线和套管采用降 SF_6 气体压力方式运行，不采取加热措施。

1100kV GIS 设备采用一字形、母线集中内置式布置，母线相间距离为 1.335m，设备相间距离为 5.5m，一个完整串间隔宽度约为 54m，进出线套管相间距离为 15m，进出线套管间的纵向距离为 57m；进出线构架宽度为 51m，进出线构架高为 40.5m，进出线构架间距离为 61m，1100kV GIS 室长度为 159m，宽度为 31m，吊钩高度为 12m。

1000kV 配电装置断面布置和 1000kV 配电装置平面布置分别如图 3－1－1 和图 3－1－2 所示。

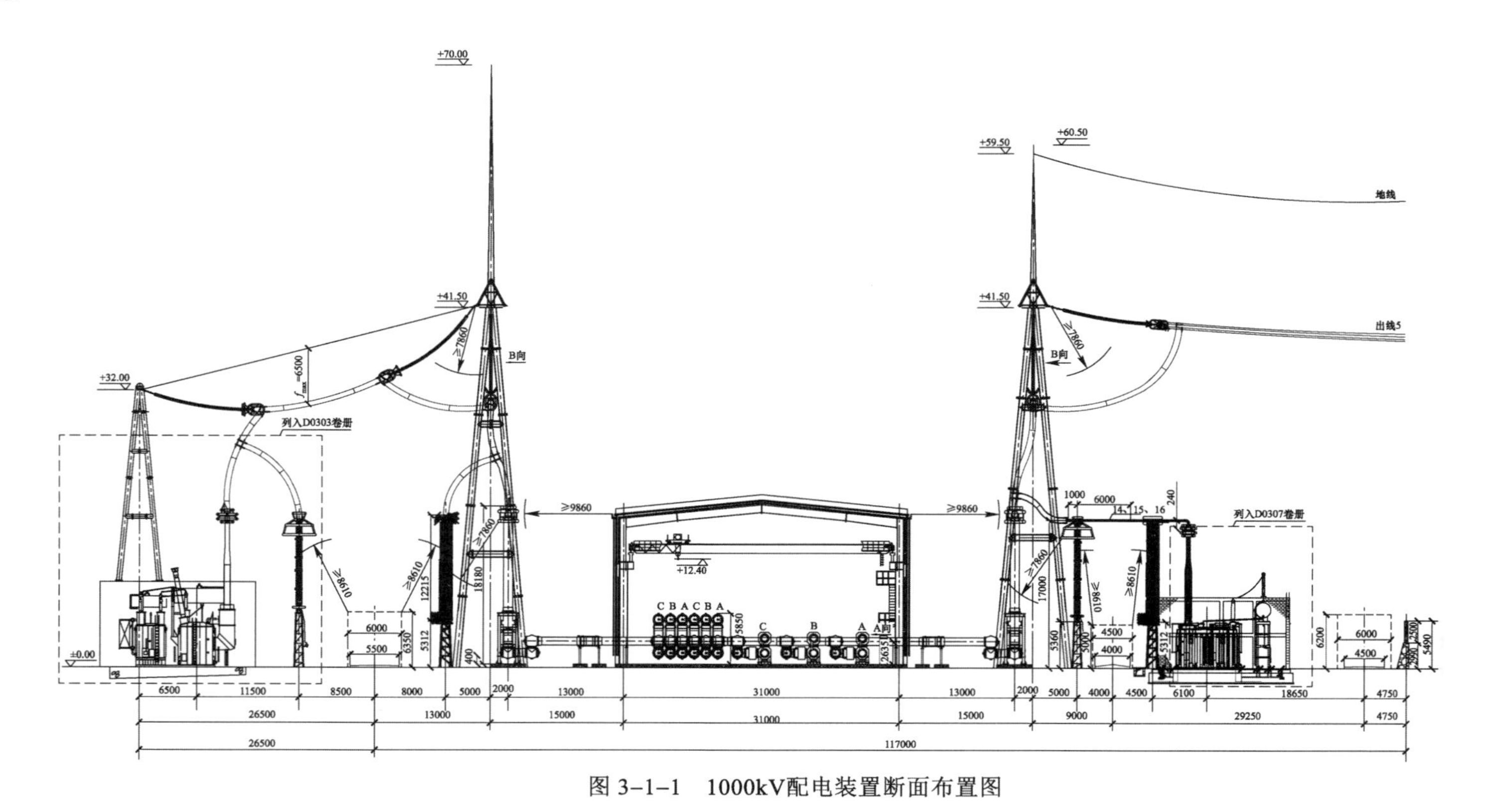

图 3-1-1　1000kV配电装置断面布置图

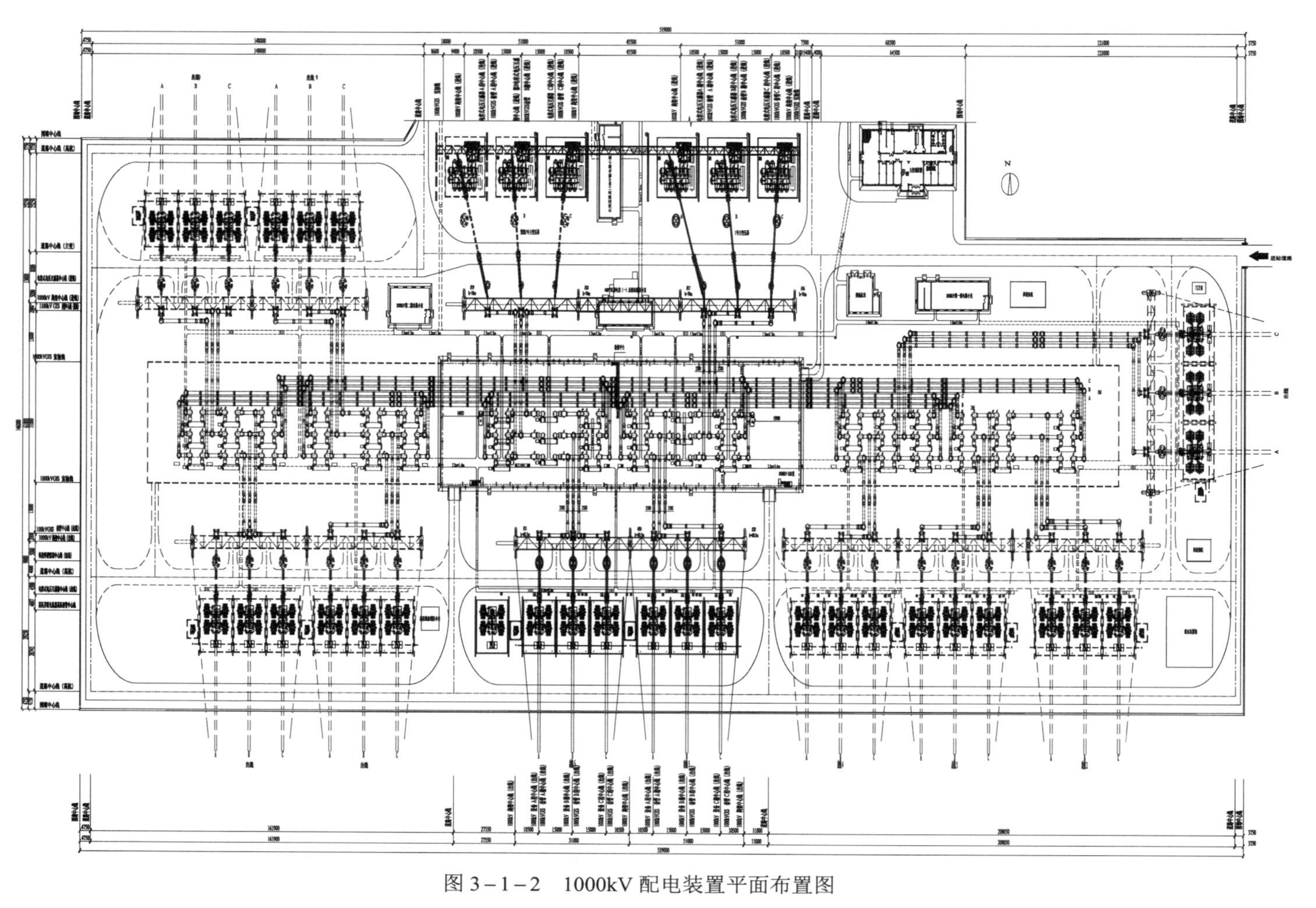

图 3-1-2　1000kV 配电装置平面布置图

实施情况与经验体会

对于特高压交流工程的建设，无论在国外还是国内，均缺乏在高寒地区的建设和运行经验，在此种条件下，工程建设和运行的安全可靠、检修的便捷高效作为工程设计的指导原则，从而保证工程的顺利建设和按期投运。

为适应高寒地区环境条件，C 1000kV 交流特高压变电站等采用了 1000kV 户内布置的实施方案。该方案配电装置布置清晰，符合常规运维巡视习惯，便于施工，提升了运行的整体可靠性。

值得注意的是，本方案中的配电装置及配电装置室尺寸是按照己厂 1100kV GIS 设备确定，实际应用中在施工图阶段应根据实际订货厂家对配电装置及配电装置室尺寸进行有针对性的优化。

案例二　出线方向优化方案

1000kV 变电站各级配电装置的布置位置及出线方向应充分考虑各电压等级出线顺畅、对周围环境影响小、引接进站道路的便利性、运行检修方便经济、系统规划合理以及工艺布置美观等，本案例结合 C 1000kV 变电站初设阶段对可研方案中 1000kV 变电站各级配电装置的布置位置及出线方向的复核情况，提出将变电站整体旋转 90° 的方案，以保证各电压等级出线顺畅性，减少出线交叉及转角数量。

基本情况

C 1000kV 变电站新建工程 1000kV 配电装置远期规模为 10 回出线，分别为 2 回向西北出线、2 回向东北出线、2 回向西南出线、4 回向南出线；500kV 配电装置远景规模为 8 回出线，分别为 4 回向北出线、2 回向西出线、2 回向东出线。出线方向如图 3-2-1 所示。

可研方案为变电站 1000kV 向东侧出线，500kV 向西侧出线，变电站出线示意如图 3-2-2 所示。此方案存在 1000kV 线路和 500kV 线路转角较多的问题。

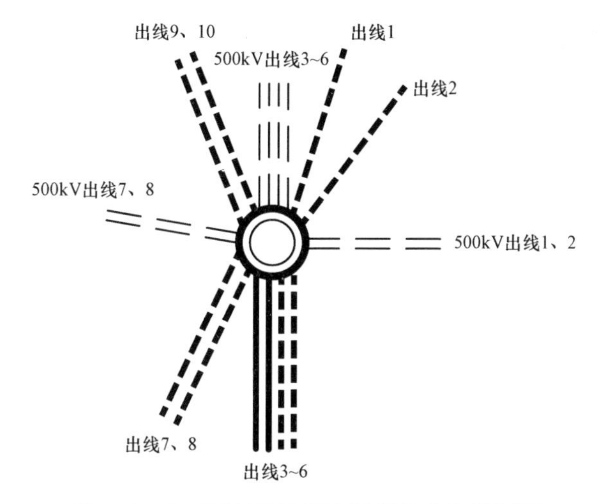

图 3－2－1　C 1000kV 变电站出线方向规划图

（粗线为 1000kV 出线，细线为 500kV 出线）

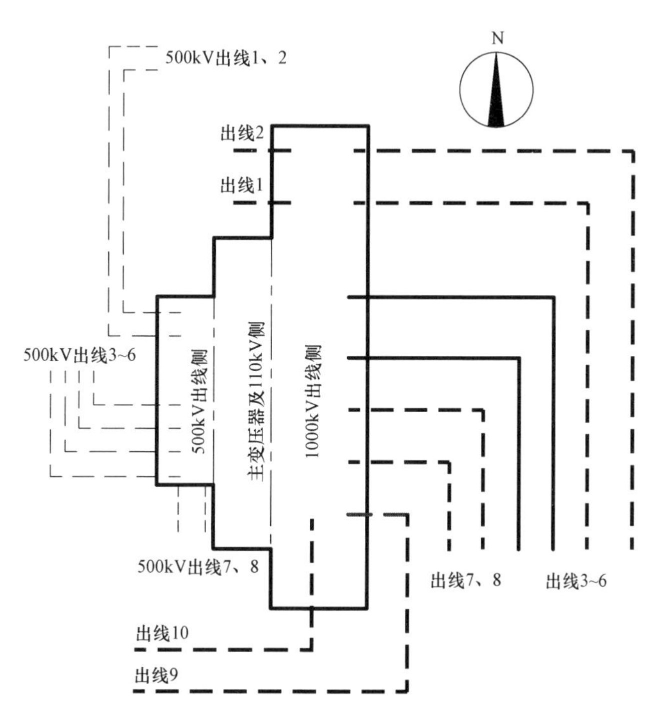

图 3－2－2　可研阶段变电站出线示意图

研究分析过程

为解决 1000kV 线路和 500kV 线路转角较多问题，在初步设计阶段，考虑到 1000kV 朝南侧出线较多、500kV 朝北侧出线较多，提出 C 1000kV 变电站顺时针旋转 90° 的总平面布置方案。

设计方案

C 1000kV 变电站顺时针旋转 90° 后，1000kV 配电装置—500kV 配电装置南北布置，1000kV 出线向南侧出线 7 回、向东侧出线 1 回、向北侧出线 2 回，500kV 出线向北侧出线 6 回、向东侧出线 2 回，从而使得 1000kV 和 500kV 出线更顺畅、线路转角更少。调整后变电站出线示意如图 3-2-3 所示。可研和初设方案比较见表 3-2-1，可见，调整后总平面方案相对可研方案优势明显。

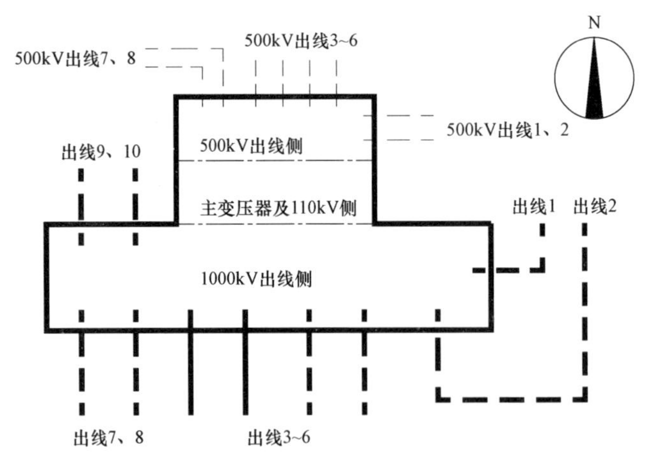

图 3-2-3　初设阶段变电站出线示意图

表 3-2-1　　可研和初设方案比较

项　　目	可研		初设	
	本期	远期	本期	远期
1000kV 转角塔数量	2	9	0	2
500kV 转角塔数量	0	4	0	2
1000kV 与 500kV 线路交叉数量	0	4	0	4

实施情况与经验体会

调整后的总平面布置方案，1000kV 和 500kV 出线更加顺畅，线路转角塔更少，具体详见表 3－2－1。

考虑到征地红线已确定等原因，后期调整平面布置受限因素较多，建议在可研阶段总平面布置方案应仔细进行技术经济比选，确定最优方案。

案例三　非整装运输型主变压器备用相布置问题

非整装运输型主变压器备用相是早期特高压变电站备用相布置的主要方式，可以满足变电站安全稳定运行及维护的需要。本案例针对非整装运输型主变压器备用相布置方案典型问题，结合场地条件和运维需求，分析了备用相的搬运方式和搬运流程，进行多方案对比后，确定了经济合理、可靠适用的布置方案，为特高压变电站内备用相布置提供了参考。

基本情况

B 1000kV 变电站站址位置偏远，大件运输条件差，为有效提高特高压变电站的运行可靠性，需设置一台主变压器备用相。由于 B 变电站规划主变压器一期一次建成，故利用站区空余位置就近布置非整装运输型主变压器备用相，主变压器备用相最终布置在 1000kV GIS 场地东南角空地处，紧邻主变压器运输道路。初步设计阶段布置方案如图 3－3－1 所示。

研究分析过程

施工图阶段，经研究分析发现原方案存在以下问题：实际运行中调压补偿变压器故障率远低于本体变压器，当仅需更换本体变压器时，原布置方案需要先移开调压补偿变压器后，才能对本体变压器进行搬运，会增加主变压器本体的搬运时间。因此需要考虑将主变压器本体布置尽量靠近搬运道路，便于装卸车和移除。

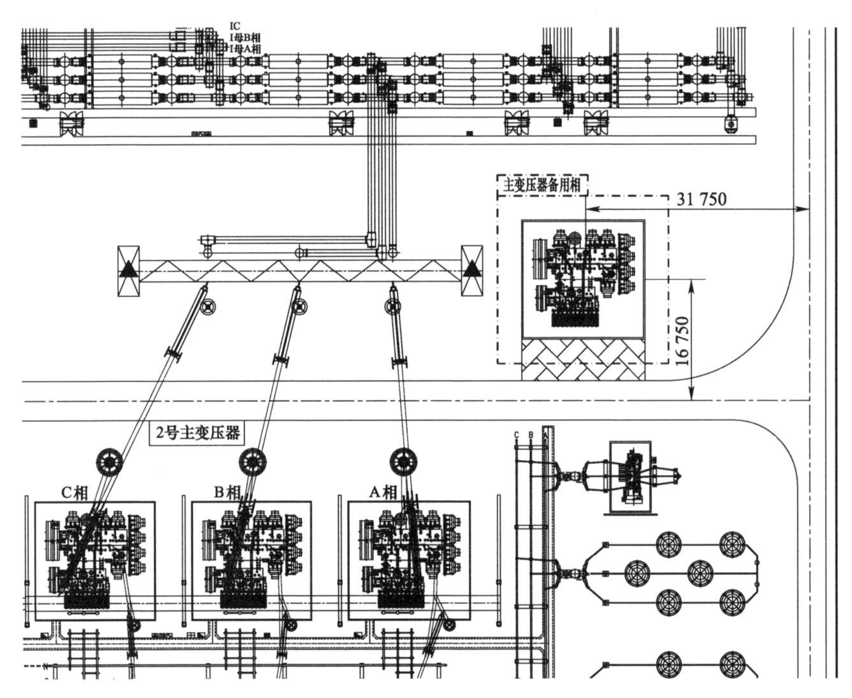

图 3－3－1　主变压器区域初设平面布置图

为有效解决原方案存在的问题，需要从主变压器搬运方式和主变压器搬运流程两个方面入手，提出与之相适应的布置方案。

（1）搬运方式。通过向大件运输公司调研了解到，1000kV 主变压器搬运短距离直线宜采用双钢轨走道及滑靴，液压顶推装置进行平行顶推移运；长距离非直线搬运时宜上运输车辆转运。B 变电站属于搬运短距离直线情况，宜采用双钢轨走道及滑靴，液压顶推装置进行平行顶推移运。轨道安装现场图如图 3－3－2 所示。

（2）搬运流程。非整装运输型备用相移出主要流程包括：

1）施工准备。真空滤油机、真空机组、干燥空气发生器等设备就位，连接到变压器的管路，连接各设备电源电缆；吊车、吊具、附件临时放置的垫木到位；高、中压套管包装箱到位；高压套管、中压套管法兰盖板就位。

2）主变压器排油。将本体内变压器油全部排到油罐中，同时补进干燥空气。

3）主变压器套管、储油柜等附件拆除及存放。

图 3-3-2　轨道安装现场图

4）主变压器充干燥空气。

5）主变压器顶升、下台，拖运就位至 2 号主变压器 C 相位置。

6）备用相就位后安装。

7）验收试验。

根据以往施工经验，完成至第 5）项，即备用相移出至就位共需 6 个工作日。

在确定了搬运方式和搬运流程的前提下，需要结合变电站场地条件对主变压器备用相布置进行优化，以期达到布置合理、搬运便利、运维便捷的目的。

设计方案

为解决原方案的不足之处，在结合现场施工情况的基础上，设计拟订了三个可行的技术方案，并进行了对比分析。

（1）方案一：将主变压器备用相顺时针转 90° 布置，这样调压补偿变压器不会阻挡本体变压器的运输通道。布置方案如图 3-3-3 所示。

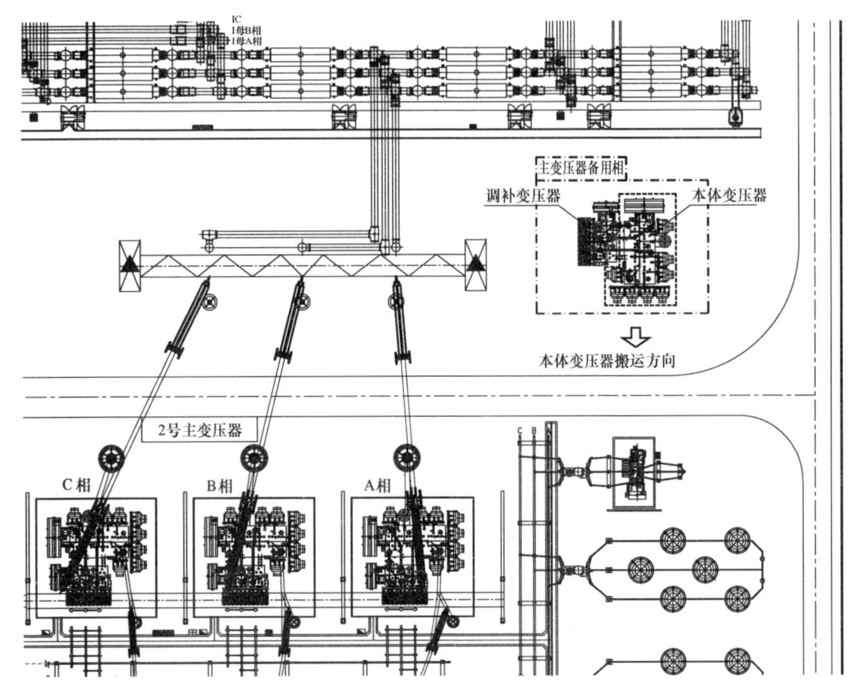

图 3-3-3　方案一备用相布置方案图

本方案不需要移开调压补偿变压器，但需要本体变压器在导轨上进行 90° 转向；据了解，90° 转向需额外增加 6h 转向时间；另外，沿本体变压器长轴方向下基础台和沿短轴方向下基础台相比，需要增加 2h。

（2）方案二：主变压器备用相与工作相布置朝向一致，均为高压侧朝向 1000kV 出线侧。该方案需要在备用相西侧增设一个硬化区域，当仅需要搬运本体变压器时，先将调压补偿变压器向西侧移动，让出本体变压器运输通道。布置方案如图 3-3-4 所示。

本方案需在更换本体变压器时需要先移开调压补偿变压器。据了解，移开这台调压补偿变压器需要 6h。调压补偿变压器如采用整体（带油带套管）平移，为安全起见，需要变压器厂家配合采取必要的套管固定措施。

（3）方案三：主变压器备用相面向主变压器运输道路布置，即本体变压器在南侧，调压补偿变压器在北侧，同时将东侧道路按主变压器运输道路的要求改造。主变压器本体变压器上车后，利用丁字路口进行转向调头。布置方案如图 3-3-5 所示。

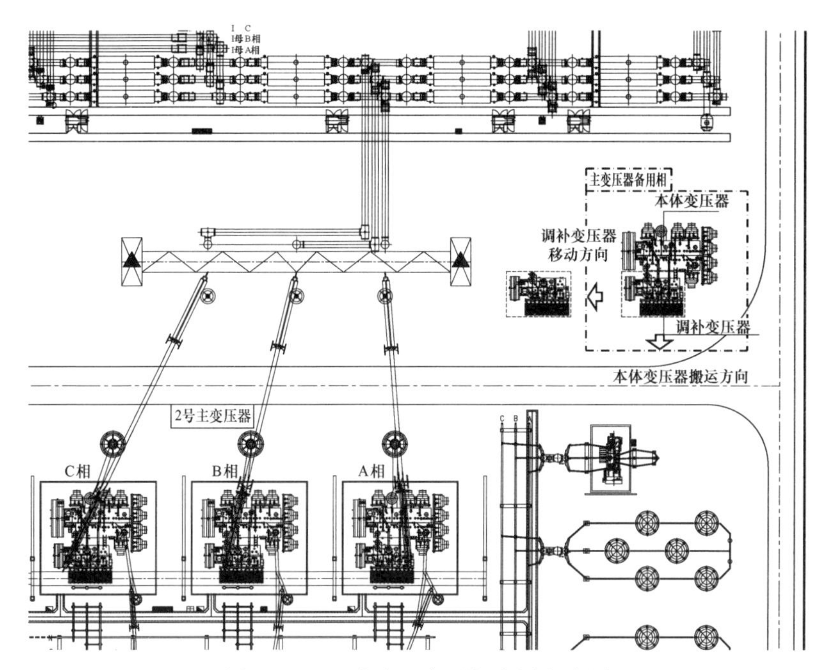

图 3-3-4　方案二备用相布置方案图

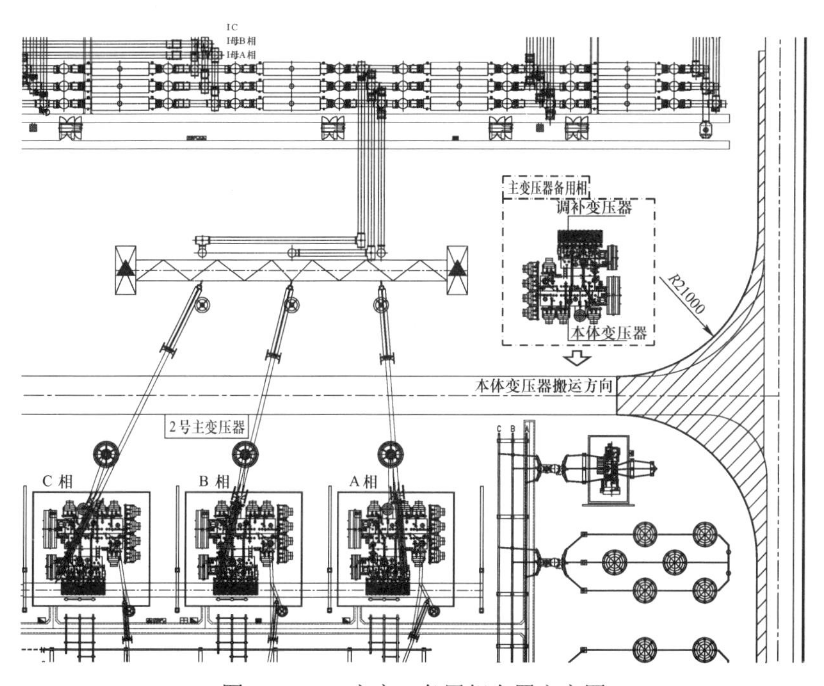

图 3-3-5　方案三备用相布置方案图

如按本方案实施，则需要改造的土建工程量主要包括：

（1）拓宽东侧道路：东侧道路原为 4.5m，局部拓宽改造以满足备用相运输道路 5.5m 宽度，转弯半径按 21m 设置，站内道路改造面积约 $1000m^2$。同时，很难避免道路拓宽后出现裂缝的可能。

（2）配套改造该道路西侧排水设施，雨水管长度 150m，雨水检查井 5 座。

本方案也不需要移开调压补偿变压器，并可利用改造后的丁字路进行车辆转向；但是需考虑相应的土建改造工程量。

通过上述对比分析，综合考虑现场施工进度，建议本工程现阶段对备用相布置优化采用方案一。

实施情况与经验体会

备用相虽不影响主体工程的运行，但作为故障后快速恢复的重要保障手段，应得到充分重视。应具体调研备用相如何投入使用，在布置上充分考虑实施过程中存在的各种情况，最大限度地减少相关工作量。

备用相布置应结合总平面整体考虑，具体来说有以下设计要点需考虑：

（1）备用相周边宜相对宽敞，与所对应的工作变压器之间的运输路径宜尽量短；

（2）备用相的布置位置应充分考虑附近带电部分，需校验是否留有足够的安全作业面，尽可能避免备用相投入时的陪停；

（3）备用相高压侧套管的朝向应考虑搬运过程中是否需要转向，周边场地条件是否满足设备转向的要求；

（4）主体变压器和调压补偿变压器布置宜便于整体试验，但彼此的相对位置关系宜满足搬运时互不干扰，尤其是调压补偿变压器不宜阻碍主体变压器的运输。

案例四　高压并联电抗器备用相快速切换方案

1000kV 变电站高压并联电抗器备用相的设置有利于变电站安全稳定运行及维护。为缩短发生故障情况下高压并联电抗器备用相的更换时间，本案例分析了备用相的搬运方式和搬运流程，进行了多方案技术经济比较后，推荐经济合理、更换较快的高压并联电抗器的快速切换方案。

基本情况

1000kV 变电站高压并联电抗器制造技术难度大、生产周期长，故障时检修周期较长，外形尺寸和重量大、运输难，设置备用相可以缩短检修周期。因此，已建和在建的特高压并联电抗器配置了备用相。

目前，高压并联电抗器备用相按生产厂家和不同容量配置，布置在特高压变电站空余场地。当高压并联电抗器发生故障时，采用拆卸套管、高压并联电抗器本体不带油搬运替换备用相的方案，该方案设备停运时间较长。

为缩短 1000kV 变电站高压并联电抗器备用相更换时间，设计对高压并联电抗器备用相更换采用拆套管不带油搬运、平板车整装搬运、轨道整装搬运、过渡跨线（架空导线和 GIL）切改四种方案进行技术经济比较。

研究分析过程

1. 拆套管不带油搬运方案

1000kV 电抗器不带套管搬运时，电抗器的总重和外形尺寸均比带套管搬运要小很多。

备用相均是采用搬运方案来实现切换的。但由于 1000kV 并联电抗器高压套管较高，设备较重，已建和在建工程中的设备是按照不带套管搬运设计的。当设备一相发生故障时，只能采用人工加机械的方式更换备用相：先将故障相的套管及附件拆除后移位，再将备用相移位后推入原故障相的位置，并安装备用相的套管及附件，完成滤油工作及相关现场试验，进行一次引线安装、二次设备接入及辅助冷却器控制回路和电源回路的重新接线等工作。不考虑天气因素，故障相退出到备用相投入累计用时 36d。

2. 带高压套管搬运方案

（1）高压套管固定。1000kV 高压并联电抗器快速更换运输时，高压并联电抗器本体薄弱点主要是高压套管升高座以及套管强度。由于 1000kV 套管伸出油箱约 11.7m，而且重量超过 6t，所以带高压套管运输过程中水平加速度将直接作用到套管上，套管将对套管根部和高压升高座有较大的惯性作用力，此作用力主要取决于套管质量、套管长度和运输加速度。

仿真结果表明：当运输加速度不超过 $0.8g/m^2$ 时，套管处的应力最大值不超过材料的破坏应力 50MPa，安全系数大于 1.67，可以满足要求。经计算或试验，各厂家均提出高压并联电抗器带高压套管运输时需对高压并联电抗器高压套管加固示意图如图 3－4－1 所示。

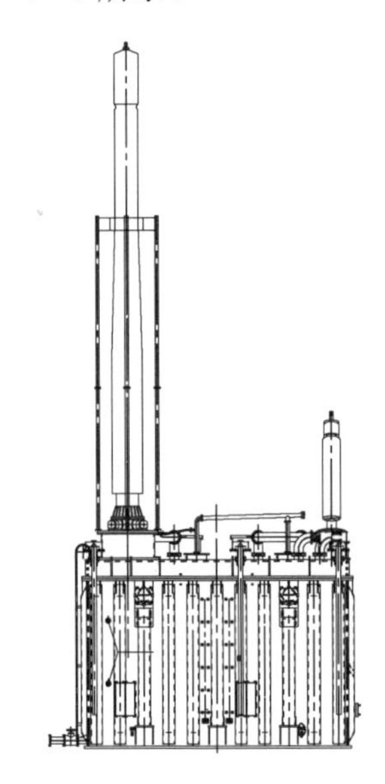

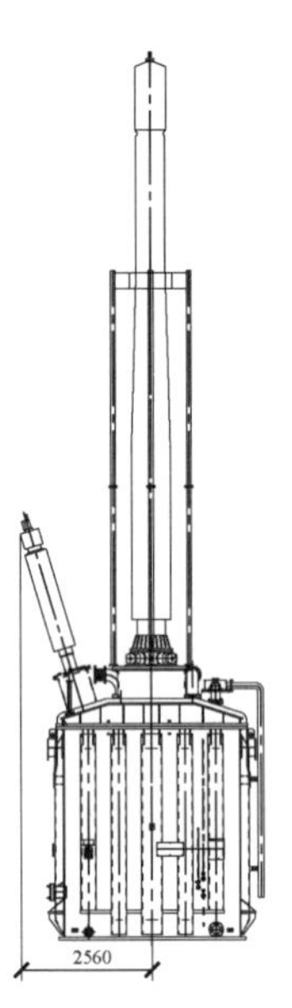

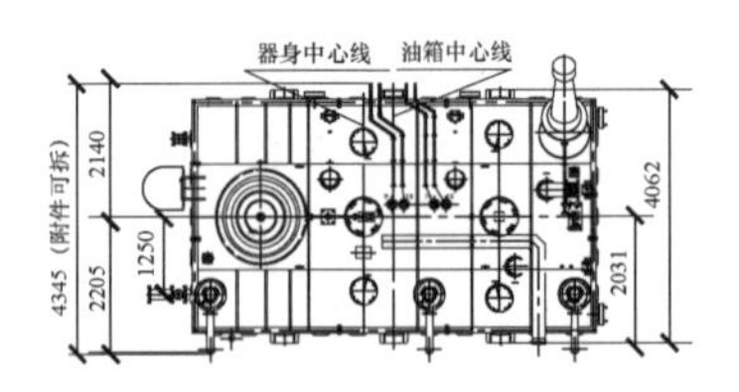

图 3－4－1 并联电抗器高压套管加固示意图

（2）液压平板车搬运方案。在该方案中，在基础台旁搭建与基础台同高度的枕木垛，用千斤顶交叉提升故障相，穿入钢轨，顶推故障相至运输车辆上，千斤顶交叉降落故障相至运输板车，按要求绑扎故障电抗器，由运输车撤出钢轨运输故障相至不影响备用相进出的地方。备用相由运输车运至故障相基础旁边后，再采用同样办法及操作步骤卸车顶推至基础就位，如图 3－4－2 所示。

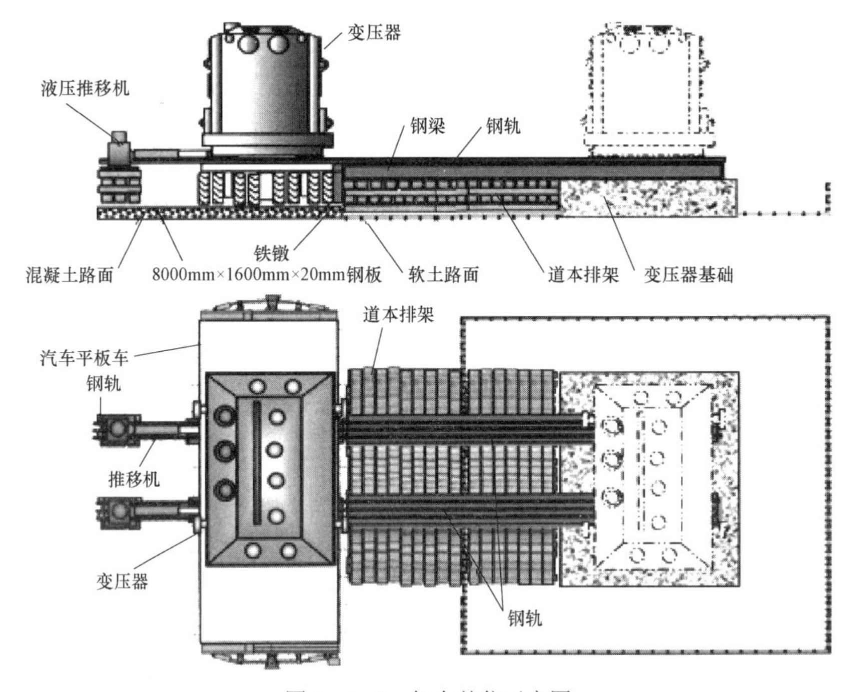

图 3－4－2　卸车就位示意图

备用相平板车运输途经带电出线回路时，电气校验尺寸见断面图 3－4－3。

1000kV 高压并联电抗器回路纵向尺寸为 44.5m（出线构架至围墙），当出线高压并联电抗器故障时，搬运备用相没有电气距离校验问题，且高压并联电抗器散热器侧预留空地可以满足高压并联电抗器搬运空间要求。

其中，备用相带高压套管运输的最大宽度按 6.2m 校验。不考虑将高压并联电抗器运输路加宽，综合利用高压并联电抗器运输路和高压并联电抗器散热器侧预留空地，为保证运输车横向运输安全，运输车距离高压并联电抗器防火墙按至少 1m 考虑；为方便纵向顶推备用相至故障相位置，运输车距离围墙考虑 2m 的操作空间。目前已建变电站中，高压并联电抗器运输路宽度多为 4.5m，但考虑到某厂家的液压平板车轮胎间距较大（4.5m），高压并联电抗器运输道路宽度建议选择 5m。

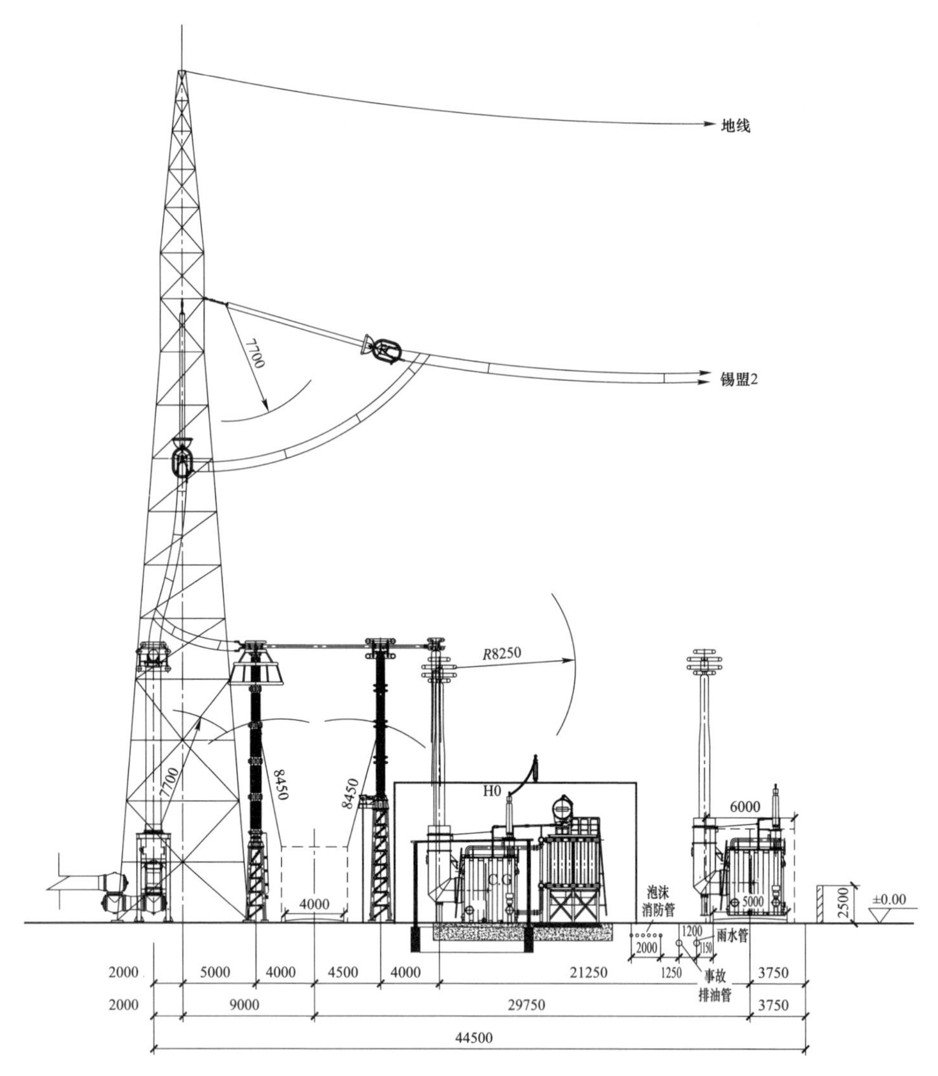

图 3－4－3　高压并联电抗器带高压套管搬运方案断面

（3）轨道搬运方案。通过千斤顶交叉提升的方式把故障相电抗器提升至轨道车辆可以进入的高度，放入轨道车交叉落下千斤顶，利用卷扬机牵引轨道车匀速前进牵引出故障相。采用相同方法将备用相移出并位移至基础台上，通过前后卷扬机调整电抗器使横向中心线与基础横向中心线对直，通过千斤顶交叉提升的方式升起变压器抽出小车，交叉落下千斤顶，使备用相电抗器落实在基础台上。

在每台高压并联电抗器主体的底部配有一个小车组，共同转运高压并联电抗器主体，安装完小车后的示意图如图 3－4－4 所示。

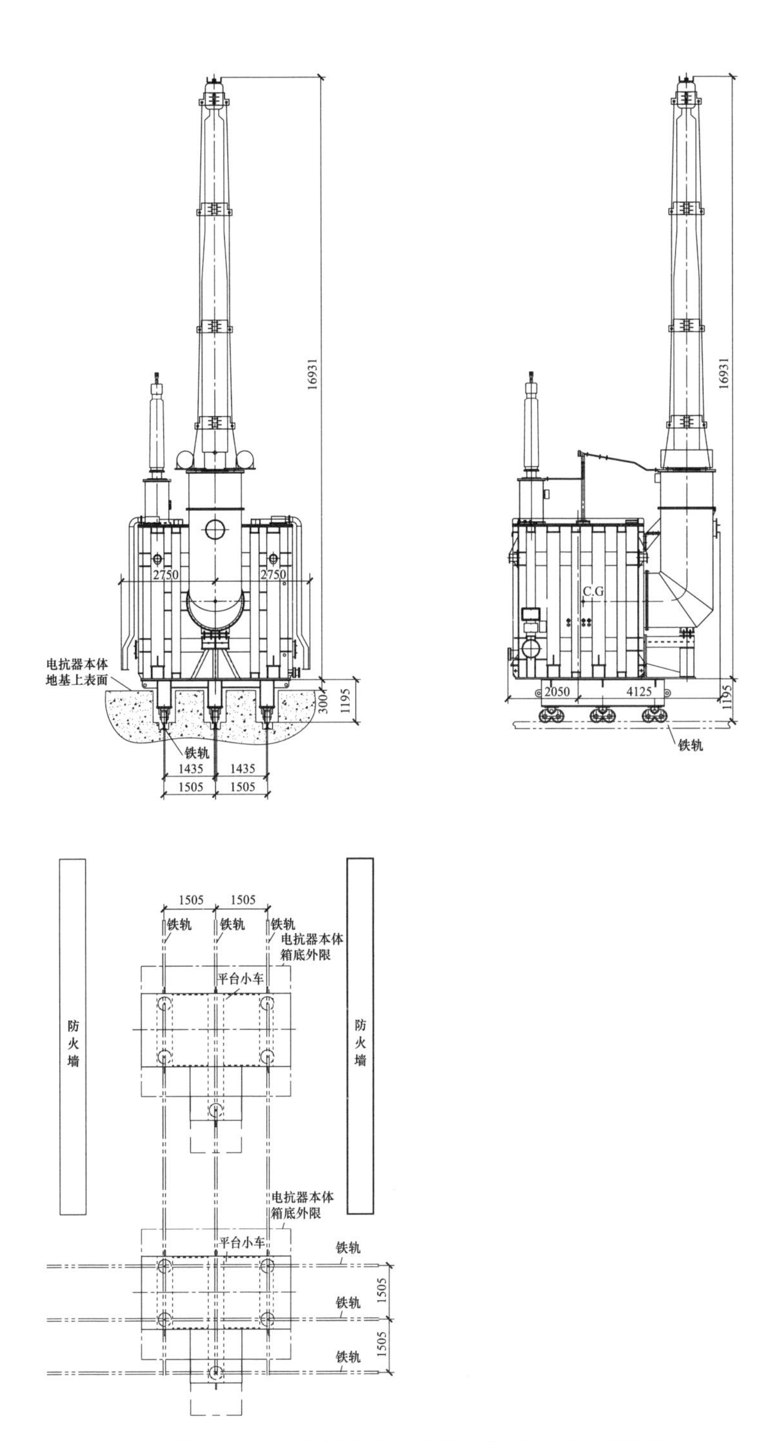

图 3－4－4　高压并联电抗器主体转运状态示意图

将高压并联电抗器地基改为条形基础，在条形基础中间铺设钢轨，高压并联电抗器基础的水平面高于轨道面。为减少转运过程中的震动，在各相之间布置的钢轨应为无缝对接，将接缝处振动降到最小。

图 3－4－5 所示为某变电站 1000kV 出线侧高压并联电抗器平面布置图，备用相布置在出线高压并联电抗器的左侧，为便于轨道搬运故障相，在空地需设置一个备用相转运区。

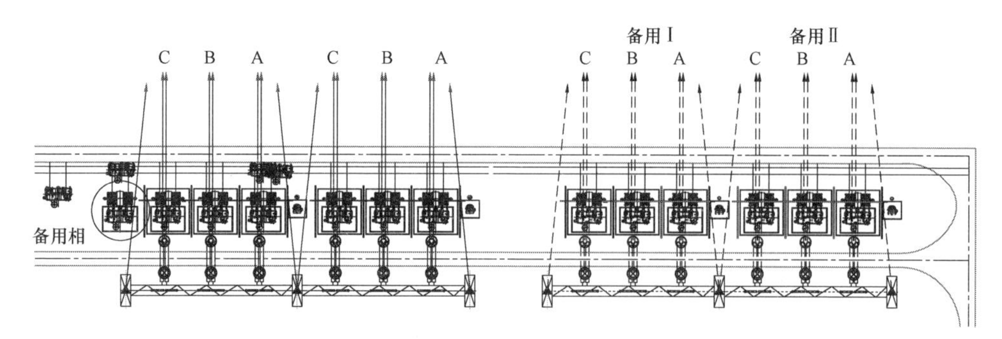

图 3－4－5　高压并联电抗器带高压套管搬运方案平面布置图（轨道运输）

当备用相侧出线高压并联电抗器故障时，搬运备用相没有电气距离校验问题，且高压并联电抗器散热器侧预留空地可以满足高压并联电抗器搬运空间要求。综合利用高压并联电抗器运输路和高压并联电抗器散热器侧预留空地预留轨道。为保证运输车横向运输安全，运输车距离高压并联电抗器防火墙按至少 1m 考虑；为方便纵向顶推备用相至故障相位置，运输车距离围墙考虑 2m 的操作空间。

远期备用Ⅰ出线高压并联电抗器故障时，先将故障箱拆除，运送至备用相转运区，然后更换备用相。搬运备用相需在带电电线下运输，需要带电校验，轨道运输如图 3－4－6 所示。

由图 3－4－6 可知，如要采用轨道运输高压并联电抗器，需增加高压并联电抗器回路纵向尺寸为 2.8m，增加占地面积。

高压并联电抗器运输轨道布置在高压并联电抗器前的硬化区域，与道路分开，搬运轨道采用 QU80 钢轨，轨道采用钢筋混凝土整体条形基础，轨道顶部与硬化广场地面标高平齐，避免钢轨对硬化场地交通的影响，拉锚基础与轨道基础合并设计。两根轨道间的水平距离误差要求 0～5mm，高差±1mm；纵横轨道交叉处，纵横轨道之间的缝隙设计为 30mm，每道轨道相接处设有 5mm 间隙。

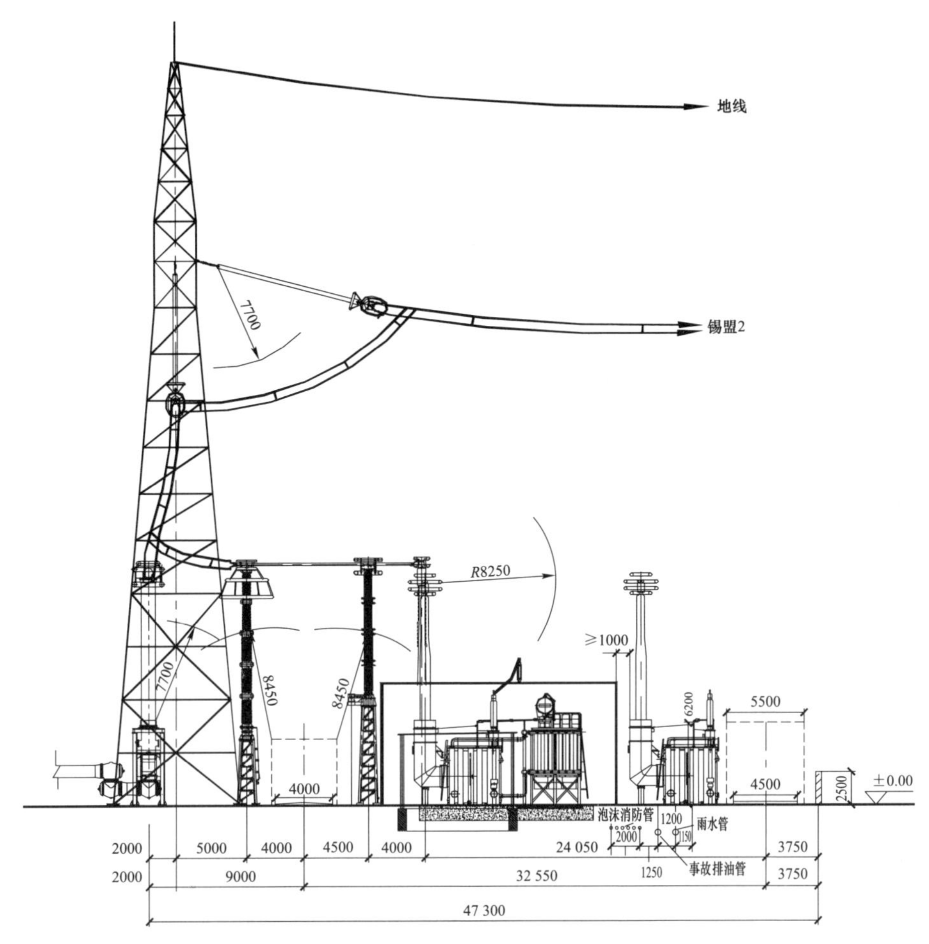

图 3-4-6　高压并联电抗器带高压套管搬运方案断面图（轨道运输）

3. 过渡跨线切改方案

（1）方案一：高压并联电抗器备用相结合配电装置的具体布置，放置在过渡切换线构架下方。抬高出线构架高度，在 1000kV 出线下方设置过渡跨线，横跨所有高压并联电抗器，中性点侧采用 220kV 电缆引接。高压并联电抗器过渡切改方案平面布置如图 3-4-7 所示。

在高压并联电抗器故障相搬运过程中，高压并联电抗器 1000kV 侧需停电，以实现套管吊装。高压并联电抗器 1000kV 侧设置构架实现过渡跨接。高压并联电抗器中性点侧采用 220kV 电缆引接。

为了节省切改时间，备用相 1000kV 套管、1000kV 避雷器及 1000kV 过渡线之间的导线连接需提前安装。备用相低压侧电缆终端和隔声罩也需提前安装。

此外，高压并联电抗器备用相运行时距出线避雷器距离较远，根据 1000kV 设计经验，不满足雷电过电压的要求，因此需在高压并联电抗器备用相附近增设 1 台避雷器。

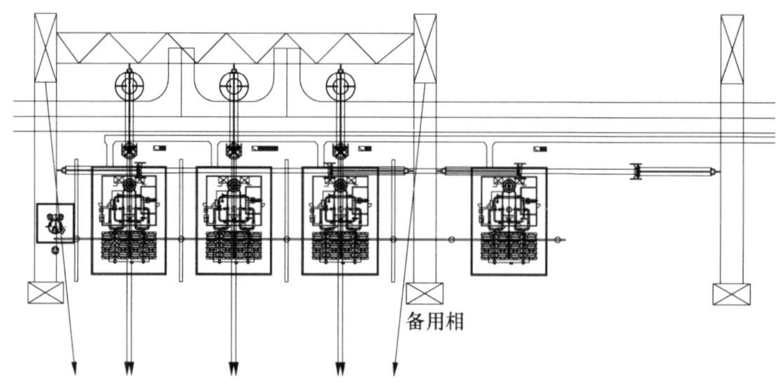

图 3－4－7　高压并联电抗器过渡切改方案平面布置图（方案一）

（2）方案二：高压并联电抗器备用相切换采用高跨横穿跨线方案。高压并联电抗器备用相相邻布置在运行相旁，在 1000kV 线路上方增加 1 跨横穿跨线。高压并联电抗器过渡切改方案平面布置如图 3－4－8 所示。

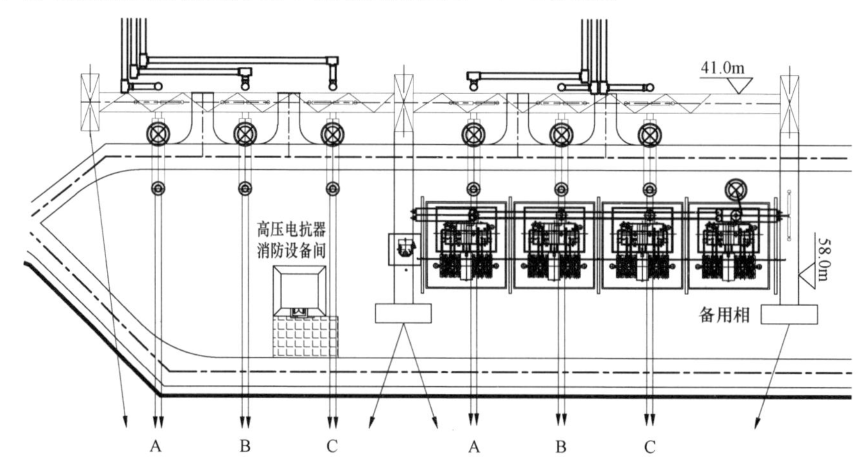

图 3－4－8　高压并联电抗器过渡切改方案平面布置图（方案二）

考虑将高压并联电抗器备用相相邻布置在运行相旁。备用相处中性点管母线本期一并建设，但备用相低压侧至中性点管母线的引上线暂不建设。备用相高压侧的过渡切换线采用高跨横穿跨线方案，即在 1000kV 线路上方增加 1 跨横穿跨线（单相），实现某 1 相高压并联电抗器故障时通过改接线即可快速投入备用相。

横穿构架布置在高压并联电抗器运行相及备用相的两侧，与出线构架组成联合构架。为保证高压并联电抗器备用相的搬运通道，考虑将出线构架备用相侧的支腿往外侧平移，出线构架的宽度由51m增加到62m。

由于高压并联电抗器备用相高压套管至横穿跨线的引上线较长，为减少对套管的拉力，考虑在备用相侧横穿构架下方设悬垂串，将引线引至悬垂串后经跳线连接至横穿跨线。为减少停电时间，横穿跨线、备用相高压套管的引上线及悬垂串、跳线、高压并联电抗器隔声罩需提前建设。

此外，高压并联电抗器备用相运行时距出线避雷器距离较远，根据1000kV设计经验，不满足雷电过电压的要求，因此需在高压并联电抗器备用相附近增设1台避雷器。

（3）方案三：装设高压并联电抗器备用相1000kV GIS分支母线，每回出线分支母线与备用相分支母线交叉处设置1组隔离开关。高压并联电抗器过渡切改方案平面布置如图3－4－9所示。

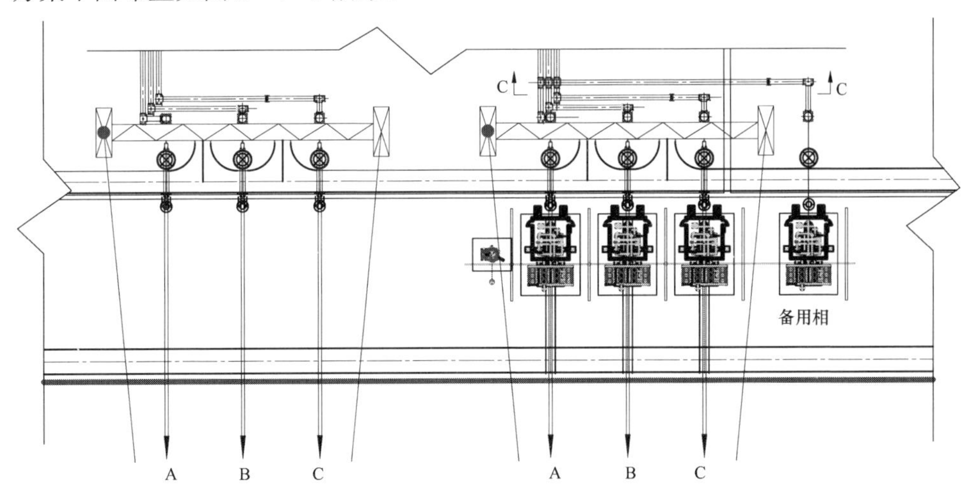

图3－4－9　高压并联电抗器过渡切改方案平面布置图（方案三）

该方案增加了1组GIS隔离开关及GIL母线，如隔离开关或母线故障，将造成线路陪停，且二次保护接线复杂，不利于安全运行。

高压并联电抗器备用相快速更换方案技术经济比较见表3－4－1。

表3－4－1　高压并联电抗器备用相快速更换方案比较表

方式	方案	恢复时间（d）
液压平板车	带高压套管	15
	不带高压套管	36

续表

方式	方案	恢复时间（d）
轨道小车	带高压套管	15
	不带高压套管	36
过渡跨线切改①	方案一	10+25（二次停电）
	方案二	
	方案三	

① 由于站内高压并联电抗器按照不同容量各配置一相备用相，当高压并联电抗器容量相同、布置为反向出线时，对侧线路高压并联电抗器无法利用过渡跨线实现快速切换。

设计方案

总体来看，拆套管不带油搬运方案与平板车、轨道和过渡跨线整装搬运与优缺点如下：

（1）备用相拆套管不带油搬运方案，恢复供电时间在36d左右，停电时间较长。但对配电装置接线和布置无影响，风险相对较小，并可利用原有高压并联电抗器的隔声罩、消防系统、散热系统、照明系统等。

（2）过渡跨线方案，在缩短恢复供电时间方面具有一定优势，但一、二次接线复杂，故障相修复后重新投运需要二次停电且时间较长。方案受备用相容量、布置位置和出线高压并联电抗器位置限制，切换接入非常不灵活，甚至无法实现切换。并且，投资增加较多。此外，一次改接线时需要动用吊车，现场安全运行有一定风险。需要说明的是，备用相高压并联电抗器隔声罩、消防系统、散热系统、照明等需与变电站同步建设。

（3）轨道整装运输方案，在缩短恢复供电时间方面与过渡跨线方案基本相当，受备用相容量、布置位置和出线高压并联电抗器位置限制，当出线高压并联电抗器较多且容量不同、厂家不同时，占地会增加，投资增加更多。另外，当变电站1000kV有反向出线时，会引起占地和投资的进一步增加。可利用原有高压并联电抗器的隔声罩、消防系统、散热系统、照明系统等。设备生产厂家需要对高压套管及高压出线升高座部位在站内带套管及隔震框架整体更换备用时的加固措施、受力情况及水平、垂直方向的加速度限值进行研究分析，确保高压套管在1g水平加速度下安全可靠不出现任何损伤。

（4）平板车整装搬运方案，在缩短恢复供电时间方面与过渡跨线方案基本相当，由于设备带套管运输，对地面平整度、荷载及地面强度要求较高，对运输过程中的加速度控制和牵引都有较高要求。与轨道整装搬运方案一样，可利用原有高压并联电抗器的隔声罩、消防系统、散热系统、照明系统等。

综上所述，设计采用高压并联电抗器备用相更换采用平板车整装搬运方案。

实施情况与经验体会

按投资及占地分析，高压并联电抗器备用相过渡推荐采用平板车整装搬运方案，不增加占地，也不增加投资，同时将停电检修时间缩短了2/3。

带套管运输快速切换方案可以减少设备备用相投资，优化平面布置，并实现变压器备用相与故障相之间的快速更换，从而缩短变压器停电时间，提高供电的可靠性和经济性。

案例五　主变压器、高压并联电抗器抗震设计方案

特高压交流变电站作为电网重要组成部分，一旦遭到破坏，会造成严重的社会危害和经济损失。由于规划建设等原因，一些特高压变电站面临在高地震设防烈度区选址的问题。本案例针对特高压变电站内主变压器、高压并联电抗器的抗震问题，分析了在高地震设防烈度区电气设备选型、配电装置布置、设备导体连接方式、隔震减震技术应用等问题，提出了具体抗震方案措施，为后续工程抗震设计提供了参考。

基本情况

L变电站地貌单元上属冲积平原地貌，站址区无全新世断裂通过，地势平坦开阔，无其他不良地质作用。站址地震动峰值加速度为0.20g，相应的地震基本烈度为8度，建筑场地类别为Ⅲ类，场地为非液化场地。根据《电力设施抗震设计规范》（GB 50260—2013）的要求："重要电力设施中的电气设施可按抗震设防烈度提高1度设防，但抗震设防烈度为9度及以上时不再提高"，因此L变电站按9度进行抗震设计。

研究分析过程

L变电站电气设施抗震设计主要从电气设备选型、配电装置布置、设备导体连接方式、隔震减震技术的应用等几个方面开展电气设备的抗震设计工作。具体包括：

（1）调研单体设备抗震性能，优化电气设备选型，提出设备抗震性能要求。

L 变电站按 9 度进行抗震设计。应考虑其端部连接导线振动和导线张力的影响，设备本体水平加速度应计及设备支架的动力放大系数 1.4。电气设备需满足以下抗震要求：

1）设防水平：0.4g。

2）设防目标：按设防烈度设计的电气设备，当遭受到相当于设防烈度及以下的地震影响时，不受损坏，仍可继续使用；当遭受到高于设防烈度预估的罕遇地震影响时，不致严重损坏，经修理后即可恢复使用。

（2）优化 1000、500kV 及 110kV 配电装置布置，重点研究主变压器进线回路及 1000kV 并联电抗器回路的设备布置及与导体连接方式。

1）主变压器进线回路采用软连接方案，整个回路系统主要由主变压器套管、避雷器、电压互感器和 GIS 套管组成。各设备之间的连接通过软导线连接。

2）高压并联电抗器回路连接方式采用传统的四柱方案，1000kV 电压互感器、避雷器采用敞开式设备，高压并联电抗器管母线通过避雷器、电压互感器支撑。抗震计算和试验都表明，在避雷器和电压互感器加减震器时，能满足 9 度抗震要求。且该布置方案构架投资较低，且能节省设备投资，因此本工程推荐采用四柱方案。

3）目前，特高压变电站 1000kV 和 500kV 配电装置设备主要有 GIS、HGIS 两种型式，采用 GIS 设备，既可以大幅度提高压并联电抗器抗震性能，又有占地面积小、设备连接、金具型式和架构设计简单的特点。

为提高设备抗震能力，可考虑降低设备重心和母线高度。对于避雷器和电压互感器等敞开式设备，可考虑采取减震措施来提高设备的抗地震能力。

4）110kV 配电装置抗震的薄弱环节主要是母线支柱绝缘子、干式空心电抗器和框架式电容器。电抗器和电容器组的特点是设备本体重量大，设备重心较高。

为防止地震中支撑管母线的棒式支柱绝缘子折断，可选择抗弯能力强的支柱绝缘子。以往的特高压工程中，110kV 配电装置串联电抗器和并联电抗器都采用中型布置，设备支架高度大于 2.5m。中型布置的并联电抗器回路和并联电容器回路断面图如图 3－5－1 和图 3－5－2 所示。

并联电抗器回路中最重的设备为并联电抗器，并联电抗器单体设备质量约 23t，设备重心高度约 5.7m。并联电抗器中型布置，下部玻璃钢支架高度约 2.7m。

并联电容器回路中质量最大的设备为串联电抗器，串联电抗器单体设备质量约为 7～10t，设备重心高度约为 5.4m。串联电抗器中型布置，下部玻璃钢支架高度约为 2.7m。

由于设备重心较高，设备重量较大，考虑到支架的放大作用，对于抗震设计是不利的。为提高高压并联电抗器抗震性能，对并联电抗器回路和并联电容器回路进行优化。将并联电抗器和串联电抗器修改为低位布置。调整后的电抗器和电容器回路断面如图 3－5－3 和图 3－5－4 所示。

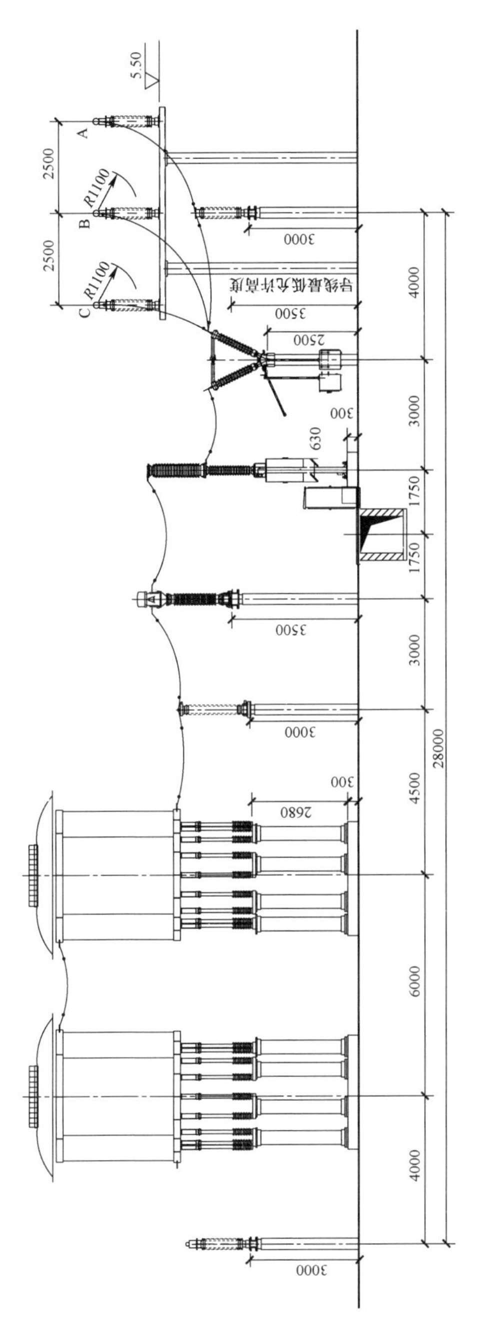

图 3-5-1　110kV并联电抗器回路断面图

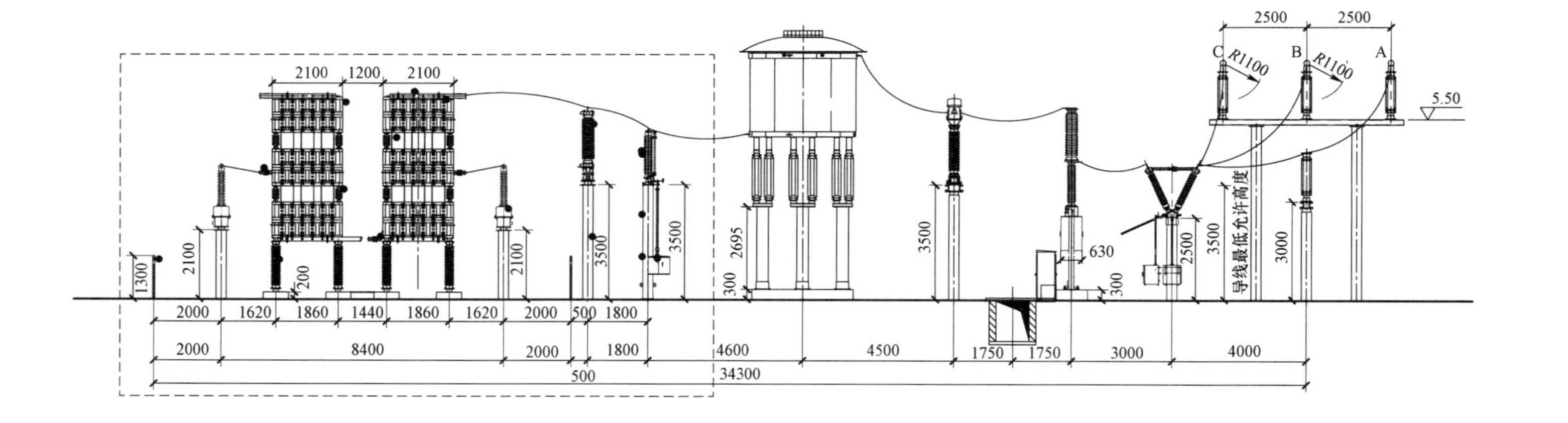

图 3-5-2　110kV并联电容器回路断面图

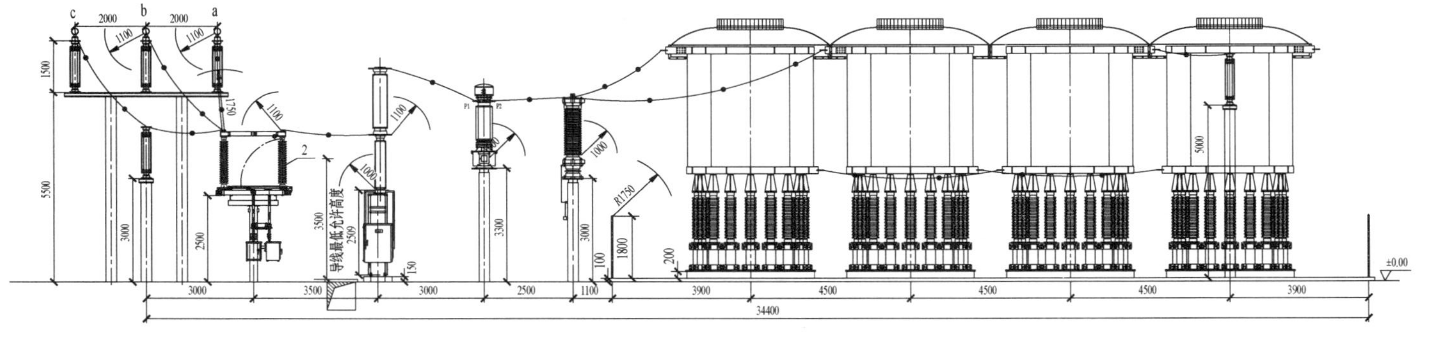

图 3-5-3　110kV并联电抗器断面图（低位布置）

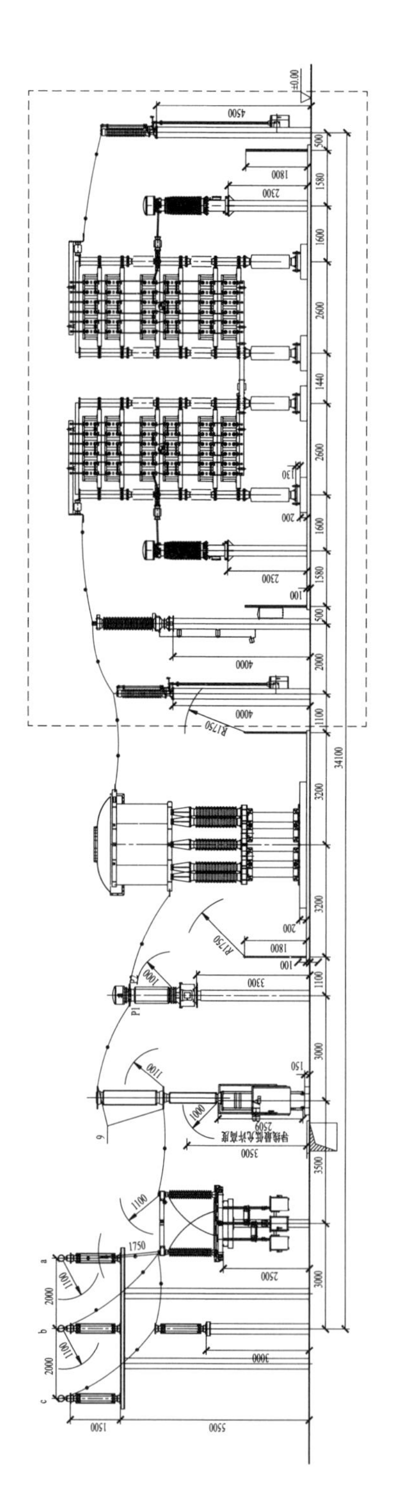

图 3-5-4　110kV并联电容器断面图（低位布置）

由于并联电抗器和串联电抗器为低位布置，并联电抗器和串联电抗器周围需设置防护围栏。围栏高度为1.8m，考虑到电抗器的磁场影响，围栏应采用不导磁材料，防止形成闭合回路。

（3）减震、隔震技术的应用。减震、隔震技术是随着工程技术的发展，逐渐完善起来的一种新的抗震方法。在特高压工程中主要采用的是减震器与隔震垫。

1）减震器的应用。本案例中1000kV避雷器、1000kV电压互感器、500kV避雷器、500kV电压互感器等设备由于抗震能力较差，除了提高瓷套管的强度外，还需采用在设备底座安装减震器来提高设备的抗震能力。图3－5－5是减震器的实物和原理图。图3－5－6是减震器的安装方式。

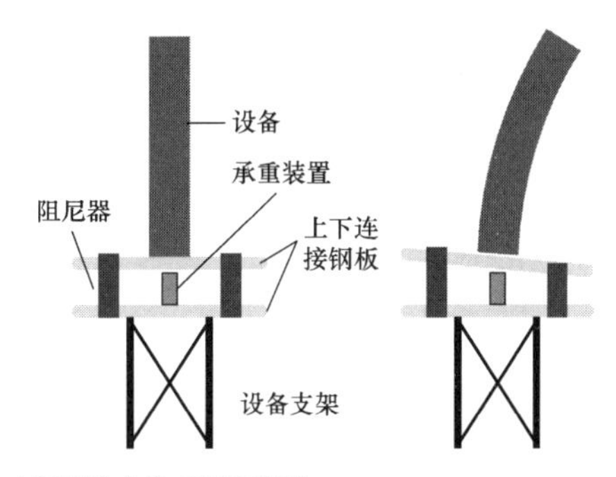

图3－5－5　减震器实物和原理图

减震器的工作原理是：由于细高设备结构在地震作用下，受力主要以弯矩控制，弯曲变形十分明显，而分布在设备底座周围的减震器，通过自身上下拉压变形来消耗能量，即以热量形式消耗掉了振动能量，从而形成了有效地抵抗弯矩的装置。

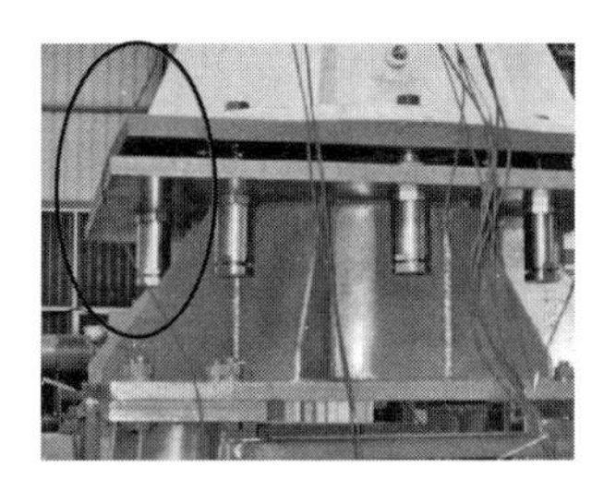

图3－5－6　减震器安装方式

目前设备底座加装减震器已在工程中得到了广泛应用。图3－5－7是减震器在工程中的一些应用实例。

2）隔震垫的应用。特高压变电站中考虑采用隔震技术来提高主变压器的抗震能力。隔震装置通常布置在设备底部和基础之间，如图3－5－8所示。具体做法有两种，一种是将主变压器和其他附属结构等一同坐落在一个刚性底座上，而隔震装置本身上下端均有连接钢板，刚性底座最下端与隔震装置上端通过螺栓连接，而隔震装置下端与预埋在基础中的钢板也通过螺栓连接，这样便于安装、维护检

图 3-5-7　减震器工程应用实例

（a）隔离开关减震；（b）电压互感器减震；（c）减震器安装细部图；（d）电器设备安装前

修等；但这种方案中还需额外增加一个刚性支撑底座，需额外增加费用。另一种仅在主变压器设备与基础之间布置隔震装置，具体安装方式同上一个方案，至于其他附属设备可通过软连接与主变压器相连接，与上一个方案相比不需要额外增加刚性支座，也不需要额外增加费用。

图 3-5-8　隔震元件布置在变压器底座与基础之间

设计方案

通过调研各设备的抗震性能，结合 L 1000kV 变电站的站址情况，为提高变电站抗震水平，对抗震提出以下措施：

（1）根据《中国地震动参数区划图》（GB 18306—2001），拟选新集站址区场地 50 年超越概率 10%的地表水平地震动峰值加速度 0.20*g*，相应的地震基本烈度为 8 度。L 1000kV 变电站的电气设施按 9 度进行抗震设计。

（2）1000kV 及 500kV 屋外配电装置采 GIS 设备，主变压器与 1100kV GIS 设备连接采用架空进线的方式，电压互感器与避雷器与主变压器进线回路采用软连接。500kV GIS 采用一字形布置方案，以降低母线高度，从而提高设备抗震性能。

（3）高压并联电抗器配电装置采用四柱方案，电压互感器和避雷器底座需加装减震器。根据电科院计算结果，安装减震装置后，0.4*g* 动力加速度作用下避雷器和电压互感器两设备最大滑动相对位移为 450mm，因此滑动金具开槽长度应为 900mm。

（4）主变压器、高压并联电抗器等大型设备需设置隔震装置，隔震装置的设置需电科院计算后确定。

（5）对于 110kV 配电装置，选择支持式管母线方案。为防止母线棒形支柱绝缘子的损坏，可选择抗弯能力强的支柱绝缘子，无功设备中并联电抗器和串联电抗器采用低位布置，降低设备重心以提高其抗震能力。

实施情况与经验体会

（1）根据对设备制造厂家的调研和以往工程的经验，单独设备基本均可以满足 8 度地震设防烈度的要求。

（2）L 1000kV 变电站采用了电气抗震设计方案。

经评估，采取减震/隔震措施后，能提高变电站电气设备的抗震水平。

案例六　1000kV 配电装置区道路宽度优化

特高压交流变电站内的 1000kV 配电装置体积普遍较大，容易存在 1000kV 配电装置区检修道路宽度偏小的情况，需在设计阶段对 1000kV 配电装置区检修路的宽度进行调整。本案例针对特高压交流变电站内的 1000kV 配电装置区道路宽度设计问题，通过分析已投运工程的现场工作经验，给出了 1000kV 配电装置区检修道路宽度的优化设计方案，为后续工程设计提供了参考。

基本情况

部分交流特高压变电站在施工过程中，安装和调试单位反映 1000kV 配电装置区存在检修道路宽度偏小的情况，出现了汽车起重机在行驶过程中会将路缘石压坏、吊车腿无立足处、现场交接试验设备摆放困难等问题；同时 1000kV 出线设备及高压并联电抗器区域较易发生场地紧张、路面较窄、现场交叉作业多等情况，给施工造成了一定不便。

研究分析过程

通过对 3 个已投运交流特高压变电站进行收资，得到其各自的 1000kV 配电装置区检修路宽度，见表 3－6－1。

表 3－6－1　　已投运工程检修路宽度及排水设计

序号	站名	道路宽度	排　水　设　计
1	S 1000kV 变电站	4m	高压并联电抗器回路为 7 元件方案，检修路两侧设备中心线 9m，道路两侧不设排水管线，设置雨水口，将雨水引至靠近高压并联电抗器侧设备区排水管线
2	T 1000kV 变电站	4m	高压并联电抗器回路为 4 元件方案，检修路两侧设备中心线 8.5m，道路两侧不设排水管线，道路两侧设置雨水口，高压并联电抗器侧雨水口位于电缆沟与高压并联电抗器基础之间，通过局部竖向找坡将雨水排至高压并联电抗器两端雨水口，然后引至高压并联电抗器运输路侧排水管线
3	D 1000kV 变电站	3m	高压并联电抗器回路为 4 元件方案，检修路两侧设备中心线 8.5m，道路两侧不设排水管线，道路两侧设置雨水口，雨水口位于检修路与电缆沟之间，电缆沟设置过雨水槽，通过局部竖向找坡将雨水排至雨水口，然后引至高压并联电抗器运输路侧排水管线

根据 1000kV 避雷器、电压互感器重量及安装高度，安装时所需汽车起重机额定起重量应不小于 60t。经过调研，T 站、D 站安装 1000kV 避雷器和电压互感器采用 100t 汽车起重机，L 站采用额定起重量为 70t 的汽车起重机，故对额定起重量 60～110t 汽车起重机进行了咨询与调研，各吨位起重机参数详见表 3－6－2。其中由于额定起重量为 60t 的汽车起重机在工程中不常使用，因此相关参数不齐全。

表 3-6-2　　不同吨位的汽车吊车宽和轮距

参数 厂家	60t	70t	80t	100t	110t
任	—	车宽：2.80m 轮距：2.304m	车宽：2.80m 轮距：2.38m	车宽：3.00m 轮距：2.61m	—
癸	车宽：3.30m	车宽：2.75m 轮距：2.30m	车宽：2.80m 轮距：2.35m	—	车宽：3.00m 轮距：2.58m

注：表中轮距为中心线。

1100kV GIS 耐压设备主要包括电抗器和分压器。其中电抗器由 4 节叠装而成，整体高度约 13m，底座宽度约 3m，总重量约 20t；分压器由 3 节叠装而成，整体高度约 10m，底座宽度约 4m，总重量约 1.5t。原则上电抗器和分压器均须安放在硬质路面上并调整水平，以此保证电抗器和分压器的稳定。目前特高压 GIS 耐压试验电压值已提高至 1100kV，耐压设备与周围设备的最小安全距离应保持在 5.5m 以上。按照目前 D 站的设计，如果有线路高压并联电抗器，耐压设备不能布置 1100kV GIS 出线侧与线路高压并联电抗器间的硬质道路上，否则无法满足 5.5m 的最小安全距离，这给今后可能的事故抢修带来极大的困难。

图 3-6-1 为 E 站扩建工程耐压试验设备布置照片。E 站扩建工程延续了 E 站的设计，道路宽度为 4m，未铺设相间道路。由于有线路高压并联电抗器，为满足试验所需的最小安全距离，耐压设备不能完全布置在硬质道路上，同时需完全拆除线路避雷器，拆除设备工作量大，设备恢复时间长，耐压设备布置稳定性差，安全风险高。

图 3-6-1　E 站扩建工程耐压试验设备布置

图 3－6－2、图 3－6－3 为 G 站抢修现场，有线路高压并联电抗器。G 站设计和 E 站相同，但增加了相间道路。耐压设备可以完全放在硬质道路上，耐压设备布置稳定性高，安全风险低。线路避雷器只需要拆除均压帽和最上节，拆除工作量较小，恢复时间较短。

图 3－6－2　G 站抢修耐压设备布置照片（有线路高压并联电抗器，耐压设备可以完全放在硬质路面上）

图 3－6－3　G 站抢修耐压设备布置照片（有线路高压并联电抗器，线路避雷器只拆除了均压帽和最上节）

图 3－6－4 为 D 站第二耐压区域耐压试验时设备布置照片。D 站道路宽度为 3m，无相间道路。因该区域无线路高压并联电抗器，电抗器勉强可以完全布置在硬质道路上，分压器不能布置在硬质道路上；道路狭小，试验所需的吊机、登高车及运输车辆的移动转向非常困难，同时需完全拆除线路避雷器，拆除设备工作量大，设备恢复时间长，耐压设备布置稳定性差，安全风险高。

图 3－6－4　D 站耐压设备布置照片（无线路高压并联电抗器）

图 3－6－5 为 F 站耐压设备布置照片。F 站道路宽度为 3m，有相间道路。耐压设备可以完全布置在硬质道路上。因道路狭小，试验所需的吊机、登高车及运输车辆的移动转向非常困难。

耐压设备能完全布置在硬质路面，道路狭小，试验所需的吊机、登高车及运输车辆移动转向困难。

图 3－6－5　F 站耐压设备布置照片

设计方案

根据 4 个交流变电站进行现场交流耐压试验的工作经验，考虑到今后运行维护时可能出现的事故抢修，为了提高工作效率、减轻现场试验的工作量、减少现场设备的重复安装、消除耐压设备不稳定等安全隐患，安装调试单位建议，特高压交流站设计时应考虑增加 1100kV GIS 出线侧相间道路，1100kV GIS 出线侧与线路高压并联电抗器间道路宽度按 4m 设计。

实施情况与经验体会

根据调研结果，同时考虑施工安装、现场试验的便利性，后续工程 1000kV 变电站 1000kV 配电装置区检修路宽度按 4m 设计，避雷器至出线套管附近设置 3.5m 相间道路（见图 3－6－6）。保持检修道路两侧设备间距和电缆沟设置要求不变，不增加全站占地面积。各工程根据实际情况，可对原有水工管道和雨水口布置等管线进行局部调整。

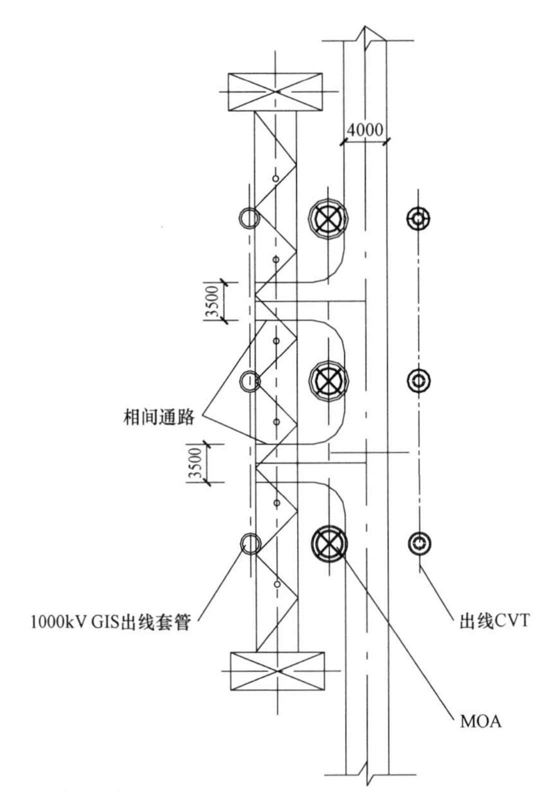

图 3－6－6　检修和相间道路平面图

案例七　备品备件库兼作组装厂房方案

针对大件运输条件较为困难的特高压变电站，采用解体变压器是解决运输问题的有效方式。结合 H 1000kV 变电站主变压器解体方案，并综合考虑本期、远期主变压器组装检修的可用性、工程实施的难易程度、不同厂家设备的适应性、变电站场地的综合利用性、运输组装经济性，确定了采用备品备件库兼做组装厂房的方案。

基本情况

H 1000kV 变电站运输条件恶劣，山区多、道路窄、路况差，主变压器采用整体运输方式运输过程不可控因素多，运输成本高且可靠性低，同时也影响变电站建设进度。采用解体运输、现场组装方式，可有效降低运输风险和成本，同时为其他运输困难地区特高压工程建设进行技术储备。

研究分析过程

目前，国内几大特高压主变压器制造厂家均具备成熟的特高压大容量变压器解体运输、现场组装技术，且在超高压工程中得到了验证。因此特高压变压器解体运输、现场组装方案是可行的。

解体变压器分为局部解体和全部解体，区别在于是否将铁芯单独拆出来运输。

局部解体方案是介于整体运输方案和全部解体方案之间的中间方案，即在满足一定运输界限且经济性允许的条件下，尽量对变压器进行较小的拆解，既满足运输要求，又使厂内拆解、现场组装的工作量小。此方案厂内拆卸及现场拼装工作量小、时间短，虽然运输尺寸未变，但解决了部分运输重量问题。

全部解体方案较局部解体方案主要多出拆铁芯柱屏蔽、铁芯拆解、装箱的环节。全部解体式变压器采用模块化设计，较局部解体变压器可进一步降低运输重量，但拆卸工作量和现场组织工作量较大。运输高度控制不超过 5m，不存在公路运输困难。考虑到全部解体较局部解体方案更便于大件运输，拆解组装时间相差不多，同时为将来工程做技术储备，建议采用全部解体方案。变压器运输采用全部解体方案可以解决运输难题，但需要建设变压器组装厂房。

组装厂房的建设不仅要考虑本期主变压器组装，还要同时考虑远期主变压器组装或者变压器故障解体检修。

结合超高压工程组装厂房建设经验及H站内、外建设条件，本研究对组装厂房的建设提出三个方案：

（1）方案一：利用站内的原有备品备件库的场地位置，建设主变压器组装厂房兼备品备件库；

（2）方案二：利用站内空地建设组装厂房；

（3）方案三：在站址围墙外建设组装厂房。

由于站内组装厂房方案利用远期预留场地作为组装厂房，只能解决本期主变压器解体组装，远期主变压器组装无法使用；而站外组装厂房方案由于在初设阶段H 1000kV变电站的站址及进站道路征地手续已经基本完成，现场已经进行施工勘测及试桩工作。如果建设站外组装厂房，无论是按永久用地征地或临时征用均需要再办一次征地，由于本工程工期紧，办理用地手续周期较长，工期很难满足主变压器组装的工期要求；主变压器组装厂房兼备品备件库方案，利用站内的原有备品备件库的场地位置，建设主变压器组装厂房兼备品备件库，此方案不额外增加用地面积，设备堆栈可以利用站前区广场及站用电室及高压并联电抗器消防设备间南侧的空地作为设备堆栈场地。

综上所述，从工程进度、实施难易程度、场地综合利用、工程合理性等因素考虑，推荐采用主变压器组装厂房兼备品备件库方案。

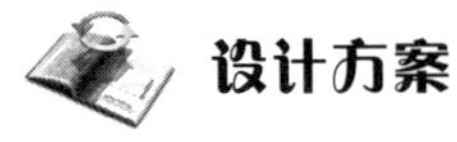

设计方案

利用站内的原有备品备件库的场地位置，建设主变压器组装厂房兼备品备件库，综合各变压器厂家对主变压器组装厂房的工艺需求，组装厂房的平面尺寸为：48m×15m。设备堆栈的总面积约500m^2，设备堆栈场地需要做地基处理。初设收口原备品备件库的综合费用约328.7万元，组装厂房兼备品备件库方案的综合费用约1005.4万元，增加费用约为676.7万元。总平面布置如图3－7－1所示。主变压器组装厂房兼备品备件库图如图3－7－2～图3－7－4所示。

组装厂房生产火灾危险性为丙类，建筑耐火等级为二级。建筑结构的安全等级为二级，结构的设计使用年限为50年，建筑的抗震设防类别为丙类。

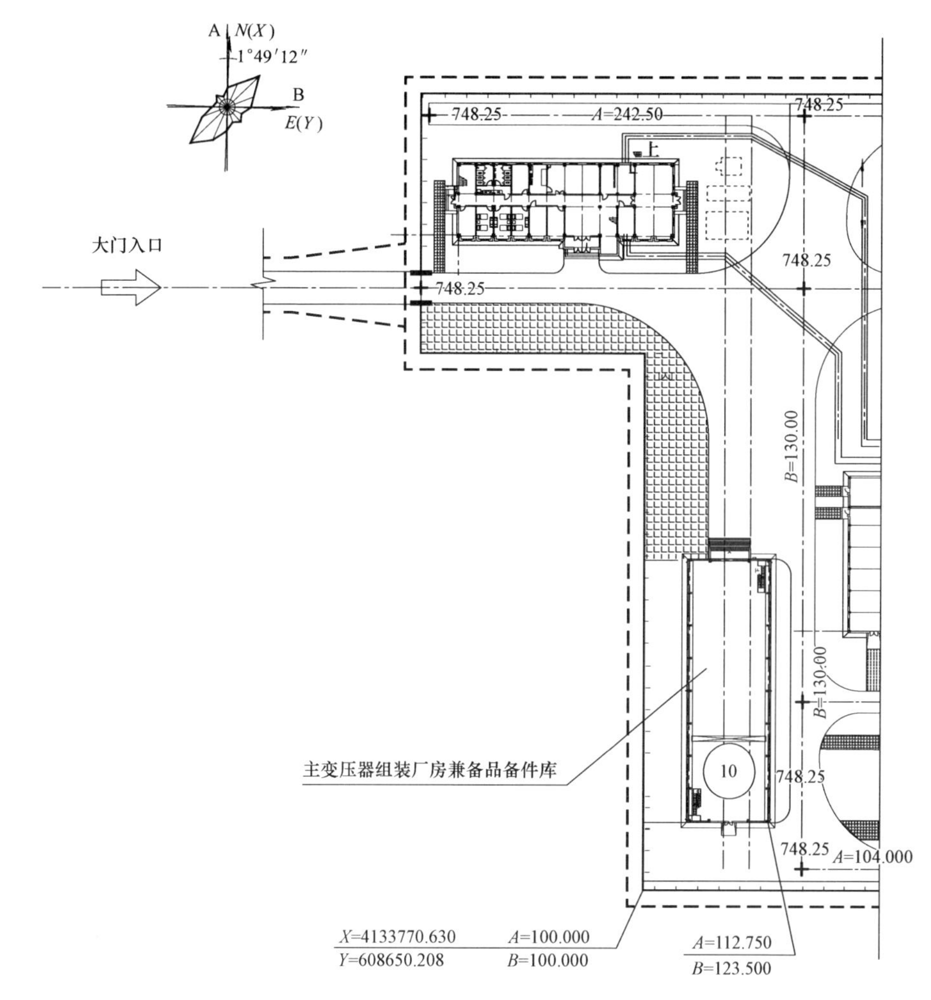

图 3-7-1　站内组装厂房总平面布置图

组装厂房的高为 22.0m，设置 100/20t 电动吊钩双梁桥式起重机及一台 10t 电动单梁式吊车各一台。采用钢筋混凝土排架结构，轻型钢屋架；内墙采用小波纹压型钢板，地面面层采用环氧自流平地面，500mm 厚钢筋混凝土地面，屋面采用双层保温压型彩钢板屋面。

经比较，采用钢筋混凝土排架结构、轻型钢屋架方案比全部采用钢结构节省投资 28.5 万元，且全钢结构厂房的防火性能不如钢筋混凝土排架结构，因此推荐采用钢筋混凝土排架结构、轻型钢屋架方案。

组装厂房用水利用站内深井供水，可以满足主变压器组装期间的用水要求。

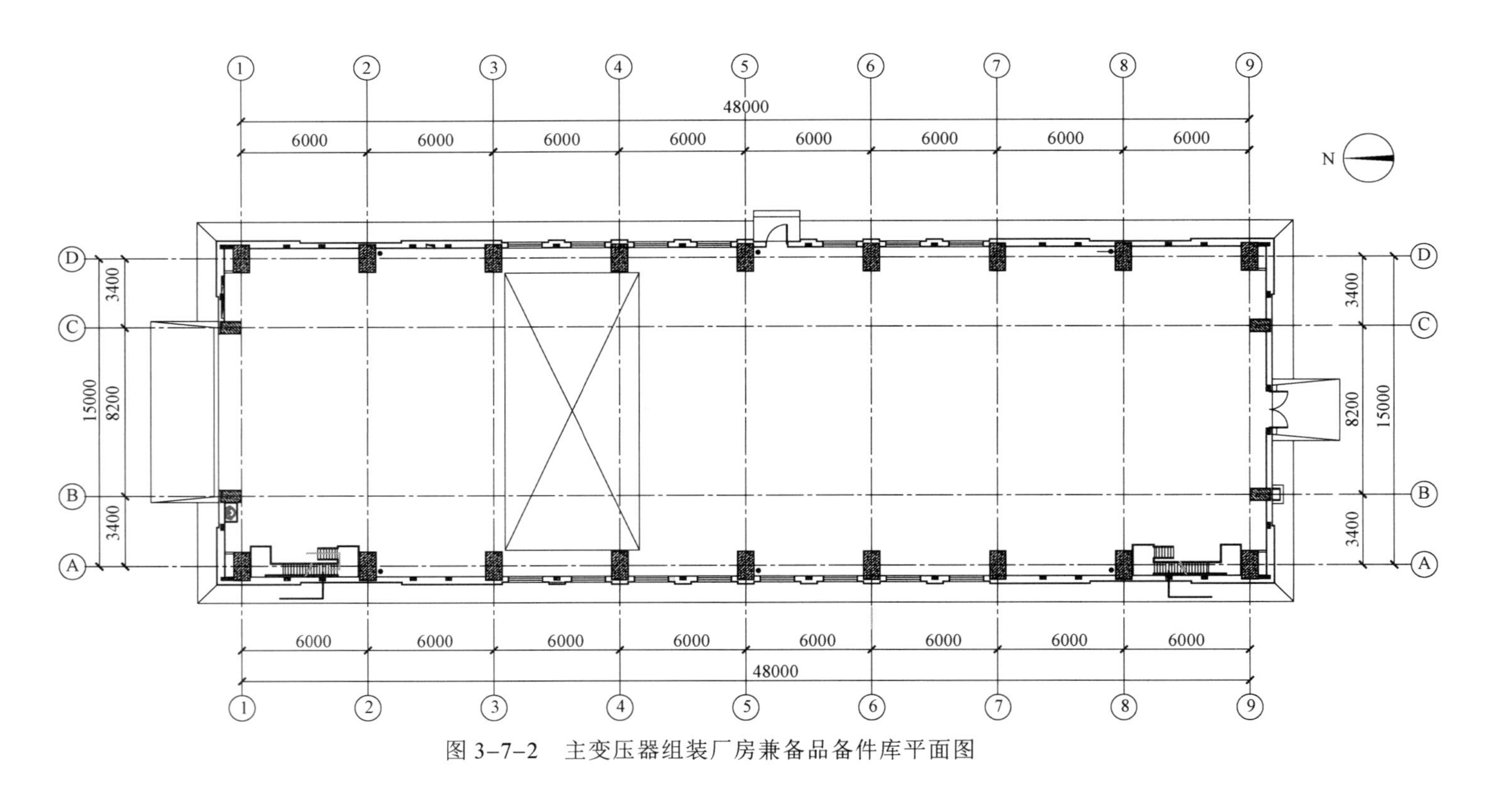

图 3-7-2 主变压器组装厂房兼备品备件库平面图

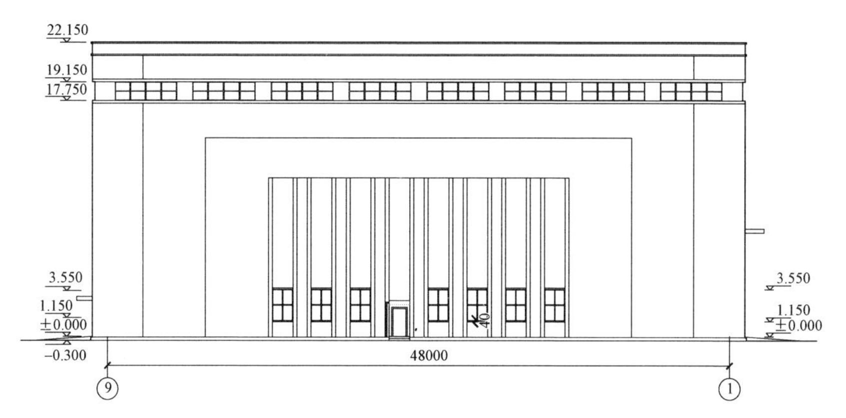

图 3－7－3　主变压器组装厂房兼备品备件库立面图

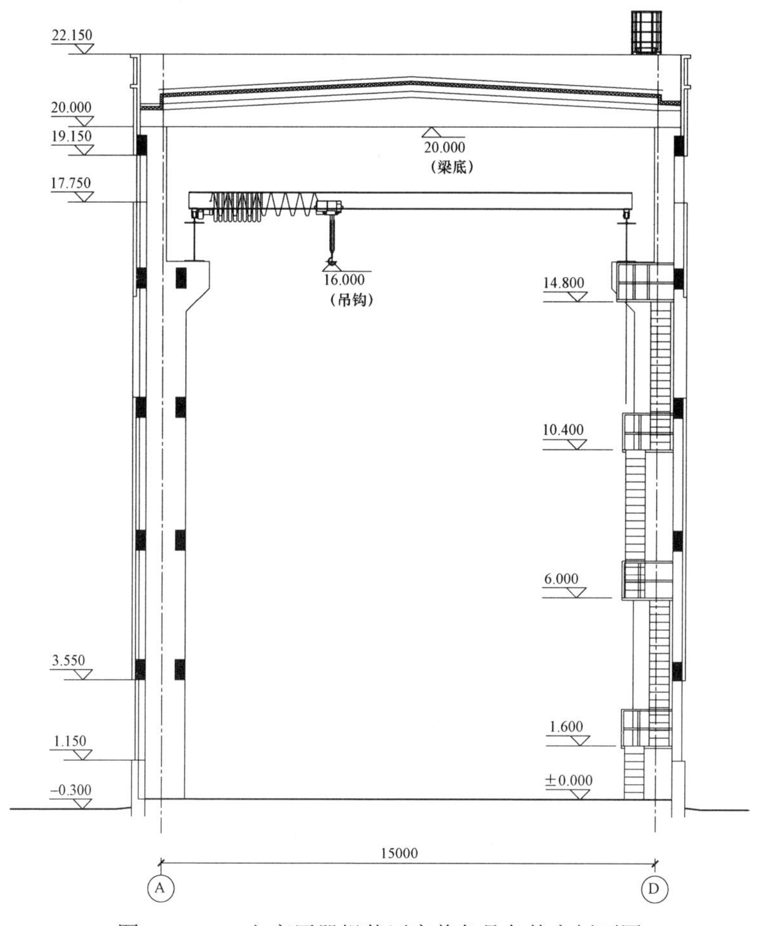

图 3－7－4　主变压器组装厂房兼备品备件库剖面图

实施情况与经验体会

H 1000kV 变电站为解决大件运输问题，采用全部解体方案，解决了运输难题，但需要建设变压器组装厂房。经过多方案比选，最终采用备品备件库兼做主变压器组装厂房方案进行施工图设计，主变压器在备品备件库内进行组装，整个组装过程非常顺利，变压器组装后相关设施拆除实现备品备件库功能的转换，实施情况良好。

案例八　1100kV GIS 设备接地采用预埋铜块方案

变电站的接地系统是维护电力系统安全可靠运行、保障运行人员和电气设备安全的根本保证和重要措施。本案例针对 1100kV GIS 设备接地问题，对不同接地方案进行了综合比选并最终推荐了采用预埋铜块接地的方案。

基本情况

500kV 电压等级以上 GIS 设备一般采用大体积混凝土基础，GIS 设备支架的引下线设计成铜排、扁钢或铜绞线连接，采用大体积混凝土基础的 GIS 支架接地必须在混凝土基础施工时，进行辅助接地网施工。由于基础的钢筋布置复杂、混凝土施工周期长、混凝土泵车喷射混凝土、振捣力量大等原因，安装的辅助接地网很容易发生较大的位置移动，造成后续的接地连接无法采取措施更正，造成 GIS 支架接地歪斜、不一致等工艺缺陷。

研究分析过程

目前，特高压站常用的接地端子设计方案有三种：垂直式接地端子、预埋铜块接地端子、预埋接地套筒接地端子。

（1）方案一：垂直式接地端子，这是常规的设计方案，GIS 设备辅助接地网引线提前打好螺栓孔，在基础浇制前安装固定，螺栓连接点设置在距离基础面

150mm 处。垂直式接地端子效果如图 3－8－1 所示。

垂直式接地端子的优点在于投资少，经济性好，但存在以下缺点：

1）施工工艺要求最严格，接地端子如果定位不准确，将无法采取措施更正，造成 GIS 设备支架接地歪斜、不一致等工艺缺陷。

2）后续接地连接螺栓孔暴露在混凝土基础外侧，长期的暴露在雨水中，将在铜排表面生成铜绿，造成工艺不美观。

3）常规设计方案的辅助接地引线露出 GIS 设备混凝土基础面 150mm 左右，由于工地上人员混杂，有极少数人会贪图小利，利用小型工具连根剪除接地引线，造成接地引线与设备支架无法连接，必须要重新切割开 GIS 设备基础混凝土面，凿出 160mm 以上深度，方可重新焊接接地引线。GIS 设备基础混凝土面无法保持颜色一致、无裂缝等工艺要求。

（2）方案二：预埋铜块接地端子，GIS 设备辅助接地网引线连接至地面预埋好的铜块上，以铜块为转接点连接设备引下线与辅助地网。预埋铜块接地端子效果如图 3－8－2 所示，接地端子断面如图 3－8－3 所示。

图 3－8－1　垂直式接地端子效果图

图 3－8－2　预埋铜块接地端子效果图

该方案的优点是由于预埋铜块比引下线要稍大一些，有一定的微调的空间，对施工工艺的要求没有垂直式严格，且电气接线可靠；其缺点是铜块的投资较高。

（3）方案三：预埋接地套筒接地端子，在 GIS 设备混凝土面层下方埋设不锈钢接地盒，不锈钢接地盒由两个部分组成，下部混凝土预埋部分及上部帽盖，均为 304 不锈钢，下部设计壁厚为 1.5mm，上部帽盖设计壁厚为 0.8mm，上部帽盖部分采用整体拉伸工艺，需要切割部位全部采用激光线切割，需要焊接部位满焊，确保工艺美观。预埋接地套筒接地端子如图 3－8－4 所示，端子断面如图 3－8－5 所示。

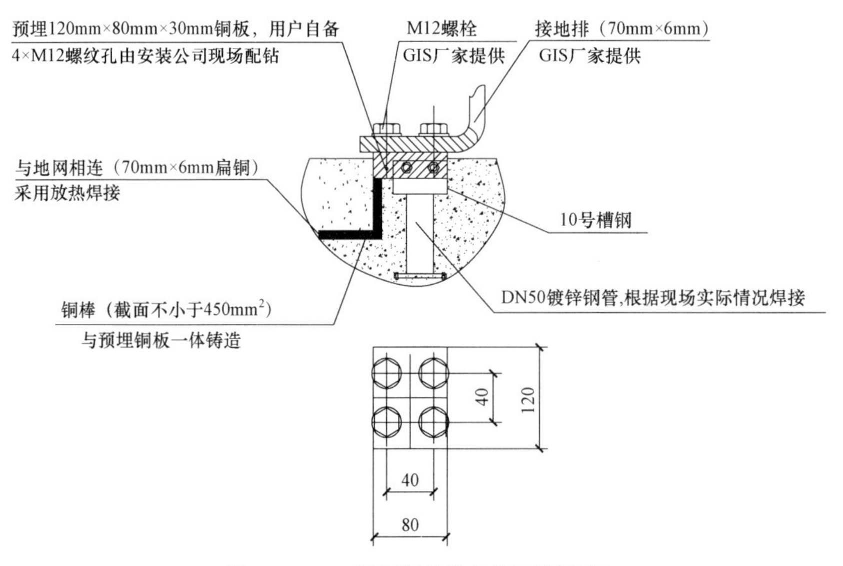

图 3－8－3　预埋铜块接地端子断面图

图 3－8－4　预埋接地套筒接地端子效果图

该方案的优点同预埋铜块接地端子，与接地引下线的连接处留出了一定的微调空间；但该方案占地最大，需要和 GIS 设备厂家核实是否有装配的空间，且该方案的投资较高。

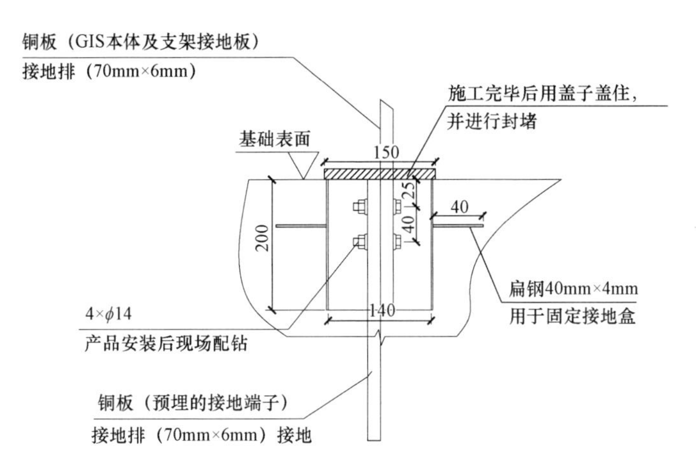

端子上端与基础大板平齐

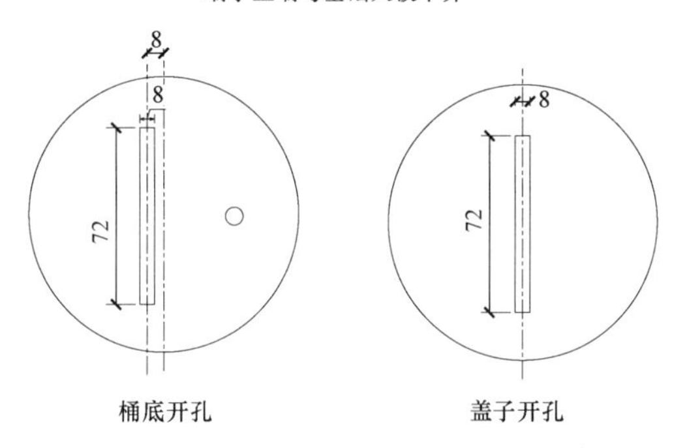

图 3－8－5　预埋接地套筒接地端子断面图

设计方案

通过比较，推荐特高压 GIS 设备选择采用空间少，且电气接线可靠，施工工艺相对简单的预埋铜块接地端子方案。

GIS 设备铜预埋件比垂直式接地端子施工简单，但也存在定位难、安装偏差大等问题，根据往年设备接地安装经验，当偏差大于 10mm 时，接地安装时接地铜排会出现较明显扭曲，偏差为 5～10mm 时，接地铜排安装已无明显扭曲，但成品效果有目测偏差。

以往工程中采用大量钢筋支撑方式进行预埋块固定，方式简陋，固定方式很难承受混凝土浇筑、振捣过程中应力作用。此外，此种方式安装时间较长，随着近年来变电站建设工期缩短、标准日益提高，传统方式将会使工期进一步紧缩。

目前，已经开发出一种以较低成本制作出预埋块定位工具，选取工程中常见材料，定位工具需在安装时具备轴向、标高调节功能，同时采取刚性固定措施，保证浇筑时不变形、不移位，将接地预埋块合格率由81.5%提高至95%以上。具体方法如图3－8－6所示。

图3－8－6　预埋块定位工具

实施情况与经验体会

采用GIS设备接地预埋块能满足现场施工需求，既解决了定位难、精度低、工期长等问题，又提升了安装质量、大幅节省了工期。预埋铜块接地端子方案实施后，施工效果整齐美观，运行维护简单。

案例九　高土壤电阻率地区接地设计优化方案

接地系统安全可靠是确保变电站安全稳定运行的重要条件之一，其可靠性及安全性能一直受到设计和生产运行部门的高度重视。高土壤电阻率地区的接地设计是变电站设计中的难点，本案例针对Ⅰ1000kV变电站站址土壤电阻率极高的问题，通过并联避雷器、爆破接地等综合方法达到接地要求，避免采用一味降低土壤接地电阻的措施带来的高昂投资，为后续类似工程提供参考经验。

基本情况

Ⅰ 1000kV变电站占地面积约100000m^2，站址中心位置位于山坡顶部，地下岩层主要为风化凝灰岩，岩层厚度约为750m，地表覆土极薄。站址周边山体围绕，无可用河流或低阻区域。

由于站址地下以岩石为主，全站土壤电阻率极高，经设计单位、科研单位采用对称四极法及大地音频法多次现场实测、复核，全站平均土壤电阻率高达20000Ω·m，是目前已建特高压变电工程中土壤电阻率最高的站。如果采用外引接地、设置垂直接地极、换填等常规降阻方法，接地工程投资将达4000万元。

研究分析过程

《交流电气装置的接地》（GB　50065—2011）中规定：“接地网的电阻宜满足

$R < 2000 / I_g$，当不满足此要求时，可通过技术经济性比较适当增大接地电阻，在满足 4.3.3 节规定的条件下可提高至 5kV，必要时，经过专门的计算，可进一步提高地电位升”。

对于 1000kV 特高压交流变电站，其入地电流一般大于 20kA，若要地电位升不超过 2kV，则其接地电阻不应超过 0.1Ω。这在高土壤电阻率地区几乎是不可能实现的，而若按 5kV 校核，其接地电阻也不应超过 0.5Ω，在高土壤电阻率地区，接地电阻要达到这一值极为困难。为此，Ⅰ站必须考虑采用其他的方法，尽量提高地电位升限值；同时通过使用创新性的降阻措施，尽量减小接地网电阻。

1. 地电位升限值分析

地电位升高时，对于站变电站 10kV 外接电源的低压避雷器，由于其两端分别连接于外接电源母线及站内接地网，而外接电源从变电站外引入，其电压保持不变，而当地电位升高时，避雷器可能出现接地侧电压远高于电源侧的情况，从而出现反击，严重时，可能导致避雷器损坏甚至爆炸。地电位升反击低压避雷器示意如图 3－9－1 所示。

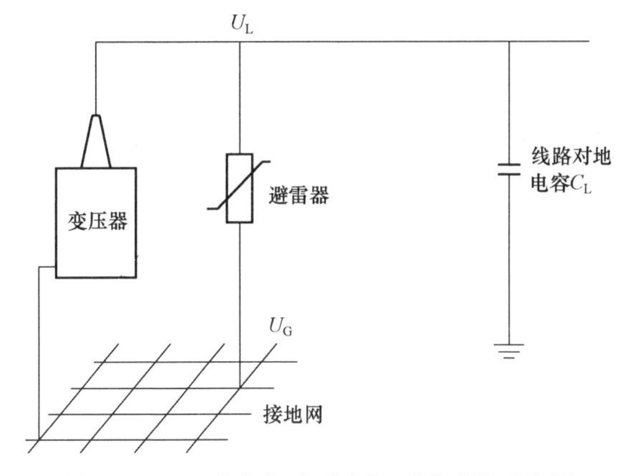

图 3－9－1　地电位升反击低压避雷器示意图

避雷器爆炸导致比较严重的事故，以往的行业设计规程中为避免这一情况的出现，直接限值了地电位升不超过 2kV 或 5kV。而事实上，根据最新的研究成果，低压避雷器是否会发生爆炸，取决于多种因素，也可通过一些其他的手段解决，为避免爆炸的可能而限制地电位升是不完全合理的。因此《交流电气装置的接地》（GB 50065—2011）提出，如果低压避雷器经过能量校核，能够满足要求，地电位升可进一步提高。

在满足避雷器可以动作但不能超过热容量要求的基础上，通过仿真计算进行避雷器能量校核，Ⅰ变电站 10kV 外接电源母线安装 1 组 HY5W－17/45 避雷器时，避雷器反击吸收能量与地电位升关系如图 3－9－2 所示，可得地电位升限值为 22kV。

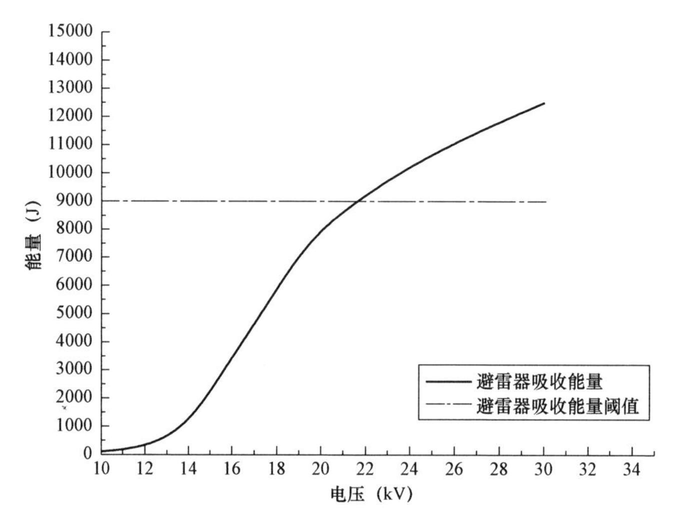

图 3－9－2　安装 1 组避雷器反击吸收能量与地电位升关系

当Ⅰ1000kV 变电站 10kV 外接电源母线安装 2 组 HY5W－17/45 避雷器时，避雷器反击吸收能量与地电位升关系如图 3－9－3 所示，此时地电位升限值为 56kV。

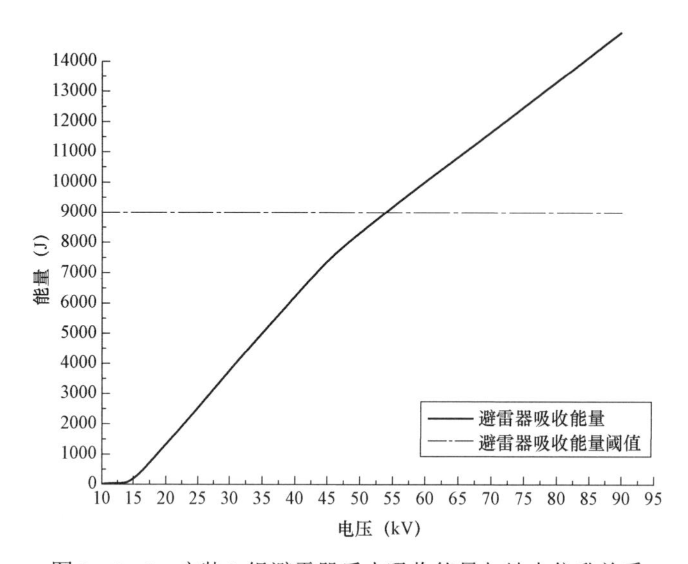

图 3－9－3　安装 2 组避雷器反击吸收能量与地电位升关系

由图可知，经过避雷器能量校验，可以得到安装 1 组避雷器时地电位升允许值为 22kV；当采用 2 组避雷器并联后，在相同的避雷器吸能限值下，地电位升允许值可由 22kV 升高至 56kV。结论说明，多组避雷器并联能够抬高地电位升限值，可大大降低接地网设计难度。

2. 接地电阻限值分析

接地电阻值是衡量接地系统的有效性、安全性以及鉴定变电站接地系统是否符合规程要求的重要指标。《交流电气装置的接地》（GB 50065—2011）中规定有效接地和低电阻接地系统中发、变电站的接地电阻应满足 $R \leqslant 2000/I\Omega$，I 为经接地网向地中流散的入地故障电流。

高土壤电阻率地区或占地面积较小的变电站，其接地电阻往往难以达到国家相关规程的规定和要求，需要采取相应措施把接地电阻、接触电压和跨步电压限制在规定的范围内以保障电力系统的安全可靠运行。

人体允许的接触电压和跨步电压直接决定于大地表层土壤电阻率，一方面可以通过提高表层土壤电阻率来提高人体与地面间的接触电阻，从而达到增加人体允许的跨步电压和接触电压的目的；从另一方面考虑，铺设地表高电阻率层，将有利于阻碍故障电流流入表层，地表面电压与没有地表层时比较接近，由于与地表接触电阻的增加，从而导致流过人体电流的减小。因此，可以通过采用地表高阻层来提高人体可以耐受的接触电压和跨步电压，从而达到提高变电站安全性能的目的。

高阻层的材料主要有砾石、鹅卵石、沥青、沥青混凝土、绝缘水泥等。即使在雨天，砾石或沥青混凝土仍能保持 5000Ω · m 的电阻率。特别应当注意的是，普通混凝土路面不能用来作为提高表层电阻率的措施，因为混凝土具有吸水性，属于半导体材料，在下雨天其电阻率将降至几十欧米。考虑到路面行人及车辆的方便，建议地面敷设沥青混凝土，电阻率取 5000Ω · m。

按照《交流电气装置的接地设计规范》（GB 50065—2011），人体电阻取值 1500Ω。

表 3－9－1 所示为 I 特高压变电站的接触电压和跨步电压的要求。在计算中，我们取表层土壤电阻率为 500Ω，并假定人体重 50kg。按切除时间 0.35s 计，如果 I 站不铺设高阻层，则允许的跨步电压只有 788V，允许的接触电压只有 340V。铺设高阻层能够显著提高接触电压和跨步电压的允许值。同时，增加高阻层厚度能有效提高人体接触电压和跨步电压的允许值，但当高阻层的厚度达到一定程度后，人体接触电压和跨步电压的允许值随高阻层厚度增加而提高的幅度变小。

表 3-9-1　　Ⅰ特高压变电站的接触电压和跨步电压的要求
（高阻层电阻率为 5000Ω·m）

土　壤　条　件		故障 0.15s	故障 0.35s	故障 0.4s
无高阻层（500Ω·m）	允许接触电压（V）	519	340	318
	允许跨步电压（V）	1203	788	737
10cm 高阻层	允许接触电压（V）	1881	1232	1152
	允许跨步电压（V）	6812	4460	4171
20cm 高阻层	允许接触电压（V）	2131	1395	1304
	允许跨步电压（V）	7842	5134	4802
30cm 高阻层	允许接触电压（V）	2237	1464	1369
	允许跨步电压（V）	8276	5418	5068
40cm 高阻层	允许接触电压（V）	2295	1502	1405
	允许跨步电压（V）	8514	5574	5214

出于技术性和经济性的综合考虑，Ⅰ站铺设 10cm 的高阻层，允许的接触电压和跨步电压分别为 1232、4460V。

地电位升与接触电压、跨步电压成正比。考虑到站外一般不铺高阻层，假设采取一定均压措施后，跨步电压不超过地电位升的 2%，则地电位升不应超过 39.4kV，或者说接地电阻不应超过 1.9Ω。

根据避雷器可以动作但不能超过热容量的要求，采取并联低压避雷器的措施后，Ⅰ站地电位升可以抬到 56kV 以上。如果每相继续增加并联避雷器，可进一步提高允许值。

综上所述，考虑一定的裕度后，将接地电阻目标值控制到 1.5Ω。当接地电阻为 1.5Ω 时，短路时对应的地电位升为 33kV。

3. 降阻方案分析

（1）外引接地。增大变电站接地网面积是降低接地电阻的一种有效方法。但前提是需要有足够大的低电阻率区域供外引。

Ⅰ变电站站区条件如图 3-9-4 所示。

1）站区北侧为小山坡和旱田，区域狭小且涉及征地问题，同时经调查后，该处无低土壤电阻率区域；

2）站区东侧临县道，县道远离变电站一侧，另一侧是林子和民居；进站道路及两侧已完成征地，且表层土质良好，可以考虑先铺设水平网，待施工时考虑是否在此处增加深水井接地极；

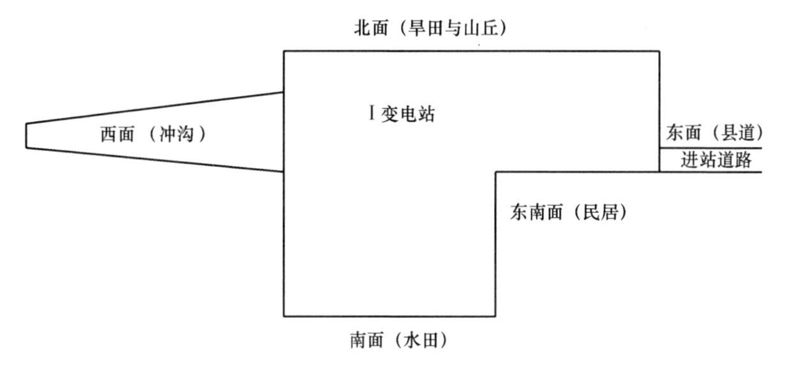

图 3－9－4　Ⅰ变电站站区条件示意图

3）站区东南方向为一片树林，树林丛中有民居存在；

4）站区南侧为山坡，山坡下有少量水田，存在征地问题；

5）站区西侧区域位于两个山坡的冲沟内，冲沟内原有两个水塘，现已清淤填平。该冲沟内水流最终汇到 300m 外的一条山间小溪。但需要指出的是，该处溪流水量不大，宽度较窄，深度也很浅，溪底为岩石，并不适合在此处大规模铺设地网。但是，按变电站的设计，冲沟内有变电站的排水沟，直通该溪流，因此，将外引导体随排水沟铺设到溪流附近的淤泥中，额外成本不大。

综合以上因素，在基础地网以外，增加冲沟处外引导体延伸到溪流，增加进站道路两侧的延伸导体，如图 3－9－5 所示。经估算，完成上述外引后接地电阻为 5.6～6.1Ω。

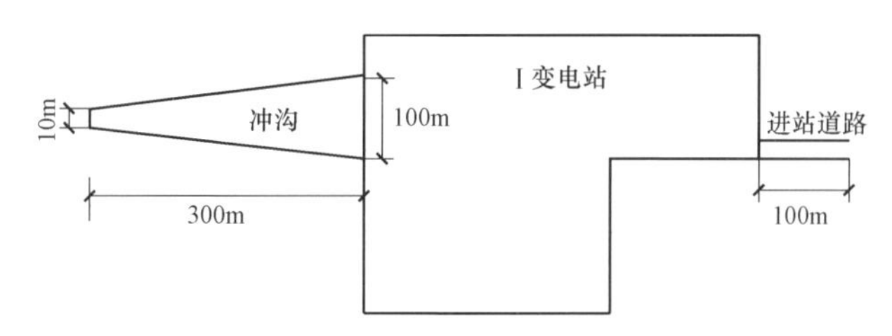

图 3－9－5　冲沟内铺设导体示意图

（2）斜接地极。斜接地极可以起到垂直接地极和扩网的双重功效。但是，在Ⅰ特高压变电站，不推荐把斜接地极作为主要的降阻措施。主要是因为当地表层覆土薄，地下多岩层，且厚度多处超 1m，除非开挖施工，否则较难实现。但是，作为降阻的后备方案，可以考虑在站区西南方向，向水田开挖埋入斜接地极。水田的表层土质含水较多，对降阻有一定作用。

（3）爆破接地极。爆破接地技术是指采用钻孔机在地中垂直钻一定直径、一定深度的孔，在孔中插入接地电极，然后沿孔的整个深度隔一定距离安放一定的炸药，进行爆破，将岩石爆裂、爆松，然后用压力机将调成浆状的低电阻率材料压入深孔中及爆破致裂产生的缝隙中，以达到通过低电阻率材料将地下巨大范围的岩石内部沟通及加强接地电极与土壤（岩石）的接触，从而较大幅度降低接地电阻的目的。垂直孔深一般在 30～120m 的范围。

根据爆破技术的基本原理，通过现场开挖对爆破结果进行验证，发现填充了低电阻率材料后，低电阻率材料呈树枝状分布在爆破致裂产生的缝隙中，填充了低电阻率材料的裂隙向外延伸很远。单根垂直接地极采用爆破接地技术之后形成的低电阻率区域，如图 3－9－6 所示。

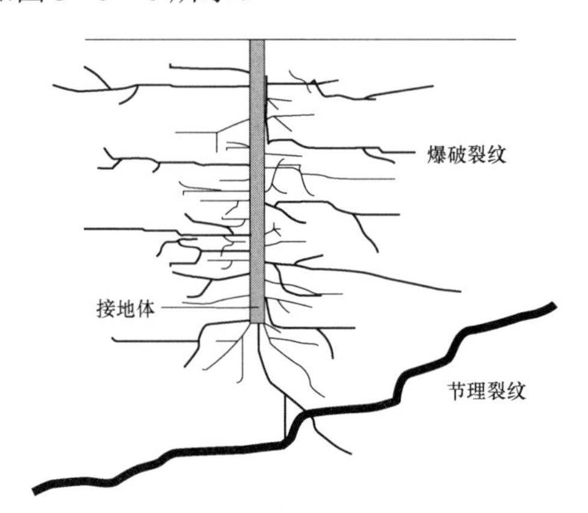

图 3－9－6　单根垂直接地体采用爆破接地技术并填充了低电阻率材料的区域

变电站地网采用爆破接地技术后形成的三维网状结构接地体，如图 3－9－7 所示。

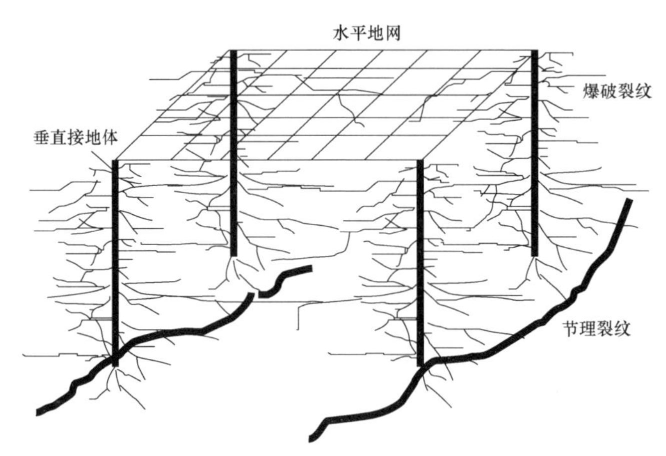

图 3－9－7　变电站地网采用爆破接地技术后形成的三维网状结构接地体

Ⅰ站考虑在图3－9－8所示的位置，实施20根爆破极。当爆破深度分别为100、80、60m时，接地电阻分别为1.04、1.72、2.66Ω。因此80～100m深的爆破接地极是可以满足接地电阻限值的要求。

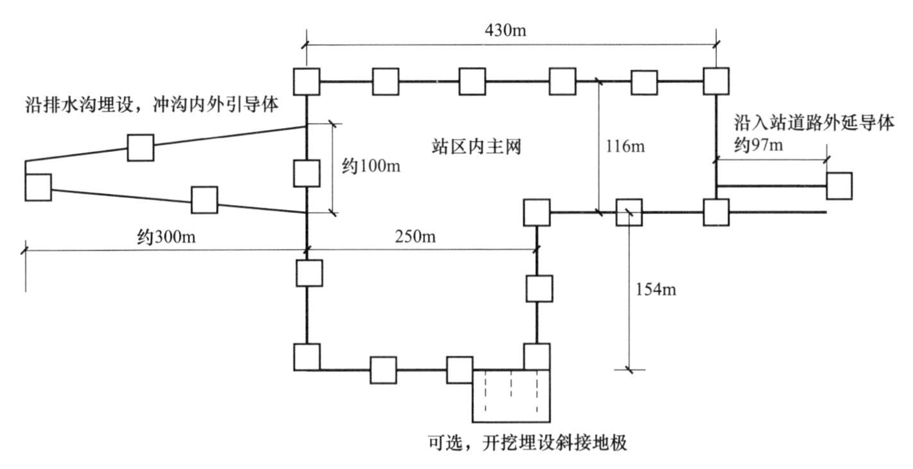

图3－9－8　爆破接地极布置示意图

20处不同深度的爆破接地极的电阻值见表3－9－2。

表3－9－2　　20处不同深度的爆破接地极的电阻值

爆破深度（m）	外引后接地电阻（Ω）	加爆破极（Ω）	比例（加爆破/外引）
100	5.6	1.04	0.19
80	5.6	1.72	0.31
60	5.6	2.66	0.47

（4）跨步电压及接触电压校验。Ⅰ站铺设10cm高阻层后接触电压和跨步电压的要求见表3－9－3（高阻层电阻率为5000Ω·m）。

表3－9－3　　Ⅰ站接触电压和跨步电压要求

土壤条件		故障0.15s	故障0.35s	故障0.4s
10cm高阻层	允许接触电压（V）	1881	1232	1152
	允许跨步电压（V）	6812	4460	4171

采用 100m 长爆破极的方案的跨步电压仿真计算结果如图 3－9－9～图 3－9－12 所示。最大的跨步电压位于冲沟内外引导体末端，为 310V；大部分区域都在 100V 以下。

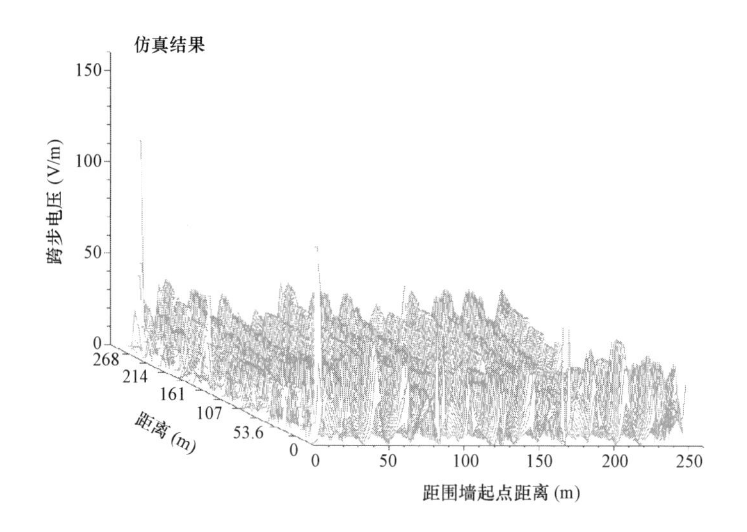

图 3－9－9　站内西侧跨步电压

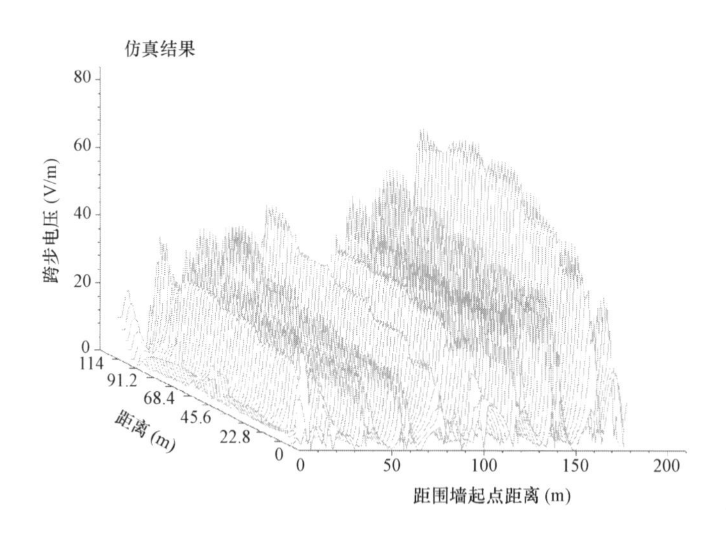

图 3－9－10　站内东侧跨步电压

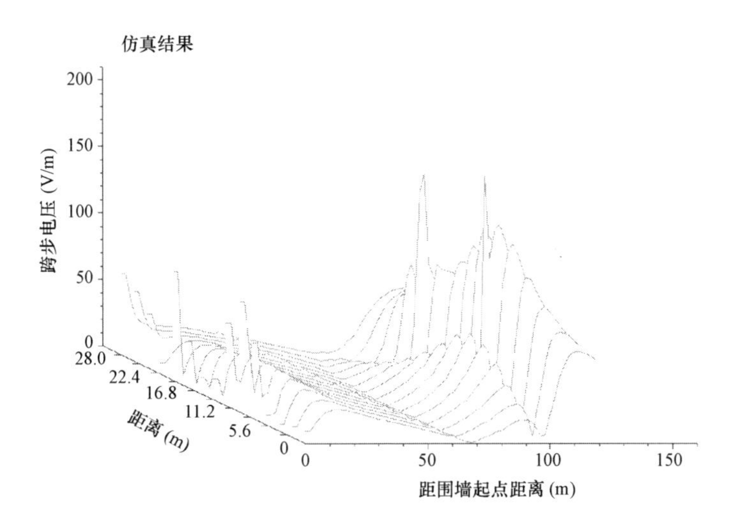

图 3－9－11　进站道路附近跨步电压

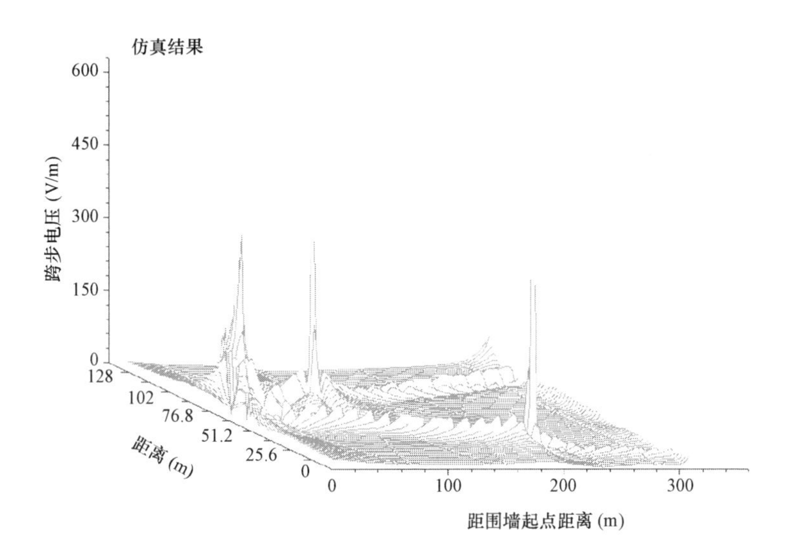

图 3－9－12　外延至冲沟内跨步电压

站内的接触电压如图 3－9－13 和图 3－9－14 所示。最大接触电压为 528V。

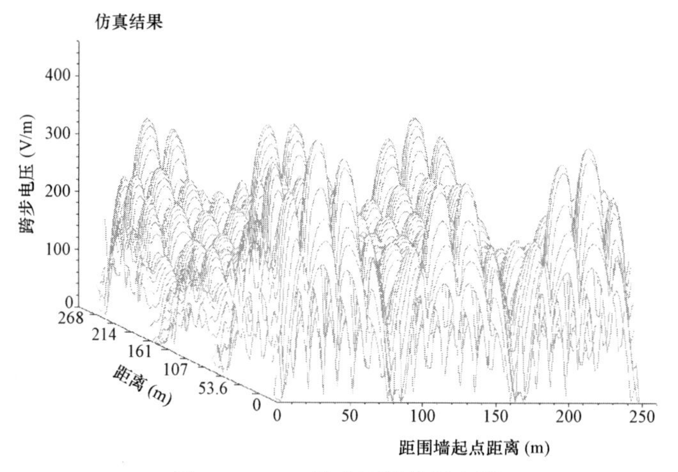

图 3－9－13　站内西侧接触电压

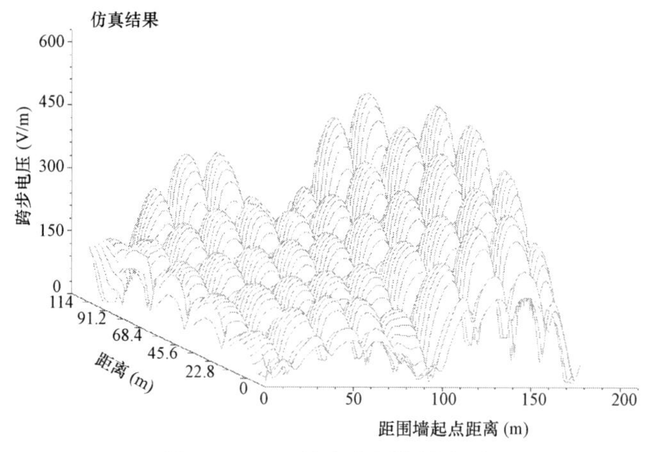

图 3－9－14　站内东侧接触电压

综上所述，只要全站或者站内局部铺设高阻层，爆破接地极方案可满足跨步电压与接触电压的校验。

设计方案

在降阻方案工程实施中，结合工程实际施工进度，同时考虑到理论计算与实际施工效果之间可能存在差异，因此采用了分步实施方案，同时利用站内的一切有利因素进行降阻。具体实施步骤如下：

（1）主接地网及外引接地敷设阶段。考虑到站内桩基较多，且部分桩基较深，为充分利用桩基作用，按一定间距将桩基引出，与主接地网相连，增加了主接地网垂直方向深度，加强将阻效果。在施工进站道路及排水设施时，预埋外引接地体，减少了外引接地施工工程量。

（2）爆破深井施工阶段。主接地网施工完成后，接地电阻不满足要求，再进行外引斜井及爆破深井施工。斜井及爆破深井共20口，将其逐一编号，按从边到中，由内至外的施工方案进行。

Ⅰ站接地系统设计方案见图3－9－15。

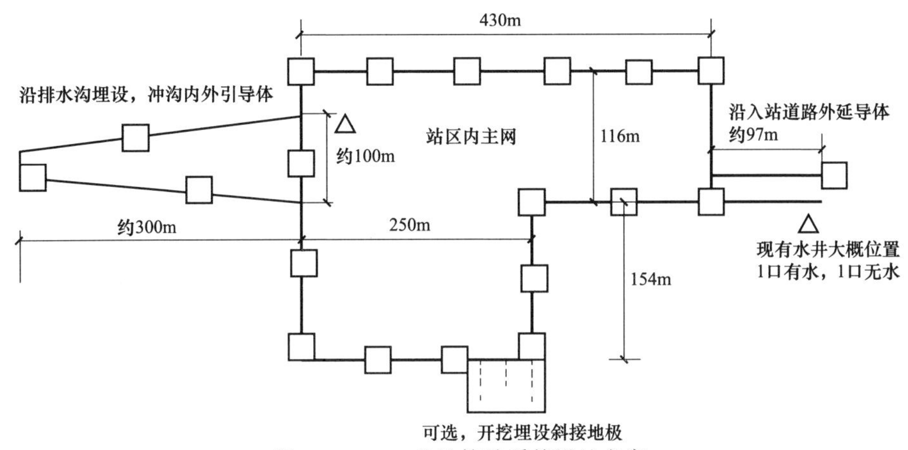

图3－9－15　Ⅰ站接地系统设计方案

实施情况与经验体会

接地工程完成后，实测得Ⅰ 1000kV变电站的接地电阻值最终为1.15Ω，达到了预期目标，通过了验收。后续工程运行顺利，得到了业主方的好评。

Ⅰ 1000kV变电站接地网设计方案首次提出了利用增加避雷器容量来提高接地电阻目标值的设计思路，并采取了爆破、深水井、外引地接的综合降阻方案，避免了一味降阻带来接地网投资过高的问题，为后续高土壤电阻率地区特高压工程接地方案设计提供了宝贵经验。

案例十　站用电源设计方案

变电站站用电系统一旦失电将严重影响整个变电站的正常运行，因此对站用电接线的可靠性提出了较高要求。本案例针对 P 1000kV 串补站站用电接线的缺陷，提供了修改解决方案，为后续工程站用电系统设计问题提供参考经验。

基本情况

P 1000kV 串补站站用电源有三路电源，其中 2 回为站外引接电源，电压等级均为 35kV。

第一回由 BHG 110kV 变电站引专线供电，线路长度约 40.7km。

第二回由 GJT 110kV 变电站引专线供电，线路长度约 14.1km。

第三路站用电源是在站内设置 1 台柴油发电机，作为全站备用电源。

对应两路 35kV 站用电源，分别设置 1 台 35/0.4kV 的站用工作变压器，每台 35kV 站用工作变压器下设一段 380/220V 工作母线，即 1 号 35kV 站用工作变压器带 380/220V 工作Ⅰ段，2 号 35kV 站用工作变压器带 380/220V 工作Ⅱ段。柴油发电机作为备用电源连接至 380/220V 工作Ⅱ段母线。两段之间设联络断路器，当其中 1 台站用变压器失电时，由另 1 台站用变压器供电，而当 2 台站用工作变压器均失电时，起动备用电源柴油机供电。

两回站用外引电源配电装置布置于站区的东南侧，方便与外引线路的引接。低压站用配电盘布置在位于站区中部的电气综合小室。

研究分析过程

站用电接线原方案如图 3-10-1 所示，其开关投切逻辑如下：正常工作时断路器 1、2 为合状态，断路器 3、4 为开状态；当 1 号或 2 号外引电源其中一路失电时，合断路器 4，1 号与 2 号站外电源互为备用；当 1 号或 2 号外引电源两路均失电时，合断路器 3、4，由备用电源柴油发电机给全站供电。原方案的缺陷为：由于备用柴油发电机仅接入Ⅱ段母线，如果Ⅱ段母线故障时或检修时，会直接丢失 2 号外引电源及备用柴油机电源，全站变成仅由 1 号外引电源供电，其可靠性大大降低。

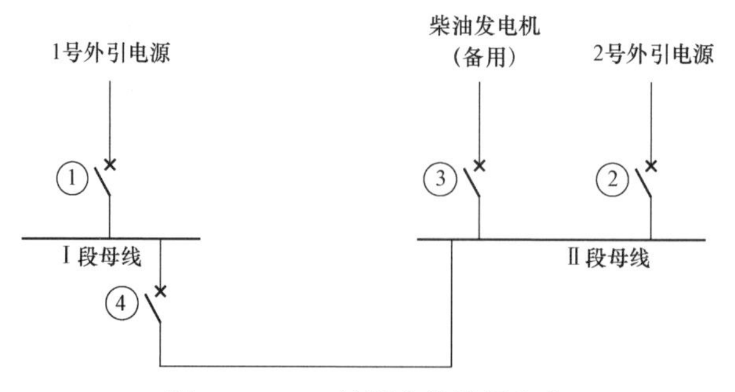

图 3-10-1　站用电接线原方案

设计方案

针对原接线方案的缺陷，提出两个解决方案。

（1）方案一：方案一接线如图 3－10－2 所示，在 380/220V 工作Ⅰ段上增加 1 面开关柜（5 号柜），柴油发电机作为备用电源同时与 380/220V 工作Ⅰ段和Ⅱ段连接。当其中 1 台站用变压器失电时，由另一台站用变压器供电，而当 2 台站用工作变压器均失电时，起动柴油机供电。整改方案断路器投切逻辑如下：正常工作时断路器 1、2 为合状态，断路器 3、4、5 为开状态；当 1 号或 2 号外引电源其中一路失电时，合断路器 4，1 号与 2 号站外电源互为备用；当 1 号或 2 号外引电源两路均失电时，合开关 3、5，由备用电源柴油发电机给全站供电。

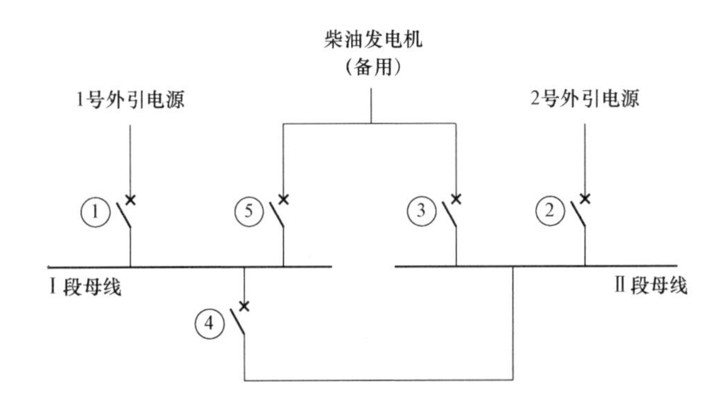

图 3－10－2 站用电接线改造方案一

（2）方案二：方案二接线如图 3－10－3 所示，改造 380/220V 工作Ⅱ段母线，将Ⅱ段母线分离 1 段母线作为备用段，在 380/220V 工作Ⅱ段上增加 1 面开关柜（5 号柜）作为 380/220V 工作Ⅱ段母线与备用段之间的联络柜。改造后，使得柴油发电机作为备用电源同时与 380/220V 工作Ⅰ段和Ⅱ段连接。当其中 1 台站用变压器失电时，由另一台站用变压器供电，而当 2 台站用工作变压器均失电时，起动柴油机供电。方案二开关投切逻辑如下：正常工作时断路器 1、2 为合状态，断路器 3、4、5 为开状态；当 1 号或 2 号外引电源其中一路失电时，合断路器 4、5，1 号与 2 号站外电源互为备用；当 1 号或 2 号外引电源两路均失电时，合断路器 3，由备用电源柴油发电机给全站供电。

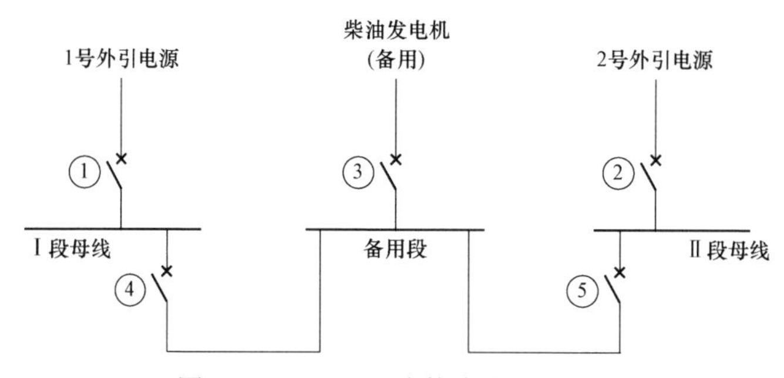

图 3－10－3　站用电接线改造方案二

方案经济技术比较表见表 3－10－1。

表 3－10－1　　方案经济技术比较表

项目	施　工　内　容	费用
方案一	在 380/220V 工作Ⅰ段上增加 1 面开关柜 敷设 ZR－VV22－0.6/1－3×185＋95 低压动力电缆约 100m	约 14 万元
方案二	在 380/220V 工作Ⅱ段上增加 1 面开关柜，并将 380/220V 工作Ⅱ段分离为 380/220V 工作Ⅱ段母线和备用段母线 敷设 ZR－VV22－0.6/1－3×185＋95 低压动力电缆约 250m	约 23 万元

两个方案可靠性相当，其根本区别为，方案一是在Ⅰ段母线上加装 1 面开关柜，新增开关柜与柴油发电机连接用电缆实现；方案二是在Ⅱ段母线上加装 1 面开关柜并改造Ⅱ段母线。由于目前站用电室内仅在Ⅰ段母线末端预留了 1 个屏位的空间，新增开关柜只能放在预留空位上，与柴油发电机和Ⅱ段母线通过电缆连接，因此方案二电缆工程量大，施工时间长，考虑到改造站用电接线对站内运行的影响，因此本次改造站用电接线推荐方案一。

实施情况与经验体会

P 1000kV 串补站站用电接线改造后能提高变电站运行供电的可靠性，但由于目前 P 1000kV 串补站正在运行中，暂无停电计划，因此站用电接线改造工程尚无工期安排。

站用电接线的可靠性会直接影响整个变电站的正常运行，在今后特高压交流变电工程设计中，应充分予以重视。

案例十一　降噪设计方案

特高压交流变电站电压等级高、设备容量大，其噪声污染问题日渐突出，需引起重视。本案例针对特高压交流变电站噪声问题，分析了主要噪声源的特点、不同噪声控制措施及效果，介绍了降噪方案的设计过程和工程常用的降噪方案，为后续工程降噪设计提供了借鉴。

基本情况

特高压交流变电站典型建设规模为：2 组及以上 1000kV、3000MVA 主变压器；4 回及以上 1000kV 出线，其中部分出线装设 1000kV 高压并联电抗器；4 回及以上 500kV 出线；每组主变压器 110kV 侧装设 2 组及以上的 240Mvar 低压电抗器和 210Mvar 低压电容器。

主设备型式为：主变压器采用单相油浸式、无励磁调压变压器；1000kV 开关设备采用 GIS 或 HGIS；高压并联电抗器为单相油浸式；低压电抗器为干式空心型，低压电容器采用框架式。

噪声控制标准：特高压交流变电站噪声标准执行《声环境质量标准》（GB 3096—2008）、《工业企业厂界环境噪声排放标准》（GB 12348—2008）、《社会生活环境噪声排放标准》（GB 22337—2008）。具体工程是否设置噪声影响控制区、边界噪声和周围声环境执行几类标准应以各工程环境影响报告书为准。

研究分析过程

1. 主要噪声源及特性

（1）主变压器。主变压器的噪声由两部分组成，分别为变压器本体噪声和冷却装置噪声。变压器本体噪声包含了铁芯、绕组、油箱等振动产生的噪声，属于低频噪声，其频率范围在 100～500Hz，对噪声值贡献最大的频率为 250Hz 和 500Hz。冷却装置噪声包含了冷却风扇和油泵产生的噪声，主要集中在中高频。该噪声随距离增加衰减较快，一般不足以对噪声敏感点的超标有本质性影响，但也应予以关注。

（2）高压并联电抗器。高压并联电抗器的噪声来源主要有以下三个：① 并联电抗器铁芯磁畴伸缩导致铁芯振动，这种振动与变压器一致。但并联电抗器磁路磁通密度远低于变压器，因而由此引起的振动与噪声相对较小；② 主磁路间隙材料在麦克斯韦尔力作用下伸缩而引起的铁饼的振动对电抗器整体产生的振动与噪声，其对并联电抗器振动与噪声起主要作用；③ 高压并联电抗器冷却装置的噪声，由于 1000kV 高压并联电抗器容量及工作电流均增大，在设备设计时采用了风冷方式，与变压器的冷却装置类似，其噪声应予以关注。

（3）导体及其连接金具。导体、金具的噪声主要是电晕噪声，是由于变电设施带电部分局部场强过大导致空气被击穿而造成的。通过特高压试验基地的计算和测量结果分析，合理设计变电金具、导线，对绝缘子采取合适的均压措施，降低带电体表面的电位梯度，可以有效降低电晕强度，从而减小电晕噪声。导线本体噪声值取 67dB（A）、导线两端电晕噪声值取 78dB（A），可作为特高压交流变电站噪声预测的理论参考依据，从特高压交流试验基地运行来看，该部分噪声相对较低，对变电站厂界噪声影响很小。

（4）其他噪声源。变电站其他噪声源还包括低压串并联干式空心电抗器、站用变压器等。

2. 噪声控制措施

（1）站址选择及总平面布置。特高压交流工程在变电站站址选择上应充分考虑变电站噪声对周围的影响。在变电站总平面布置上，尽可能减少主要噪声源对周围环境的影响，主变压器应布置在变电站的中部区域，且应充分利用变电站自身的设施和建筑物的合理布置来阻挡噪声传播，从总平面布置上最大限度减少噪声对周围的影响。

（2）噪声源的控制措施。特高压变电站可采取多样措施降低声源本体噪声，这是属于从源头治理的措施，效果最佳，并且对变电站的正常运行影响最小，一般包括：① 主变压器和高压并联电抗器采取特殊措施降低设备噪声，如采用高导磁硅钢片、严格控制铁芯尺寸、在铁芯和油箱之间增加减振层、采用低噪声散热器；② 优化导体型式、降低导体表面电场强度，减小导体电晕放电噪声；③ 优化金具及设备均压环设计方案、提高金具加工工艺，降低金具电晕放电噪声。

（3）辅助降噪措施。根据工程经验，特高压交流变电站中最主要的噪声源是主变压器和高压并联电抗器，但针对它们本体的降噪措施随着降噪效果的增加，技术难度及制造成本急剧上升，因此还应采取其他辅助降噪措施。常用的措施包括：① 设置主变压器和高压并联电抗器隔声罩；② 设置主变压器和高压并联电抗器隔声屏障；③ 围墙加高；④ 围墙加高同时在其上部设置隔声屏障。

3. 噪声控制主要原则

降低变电站厂界噪声水平的最有效的措施是对主要噪声源采取全封闭的隔声措施，而在设备周围设置隔声屏障的降噪措施其降噪效果要略差些，在围墙上设置隔声屏障的效果更不理想。但从变电站的运行维护角度出发则正好相反，在围墙上设置隔声屏障对运行维护的影响最小。另外，两种措施都在一定程度上给运行维护人员带来不便。因此在降噪措施设计方案时应对降噪效果、运行维护的便利性和经济性予以综合考虑，按变电站建设的本期和远景分别考虑噪声控制方案并按照远近期结合的原则，提出具体噪声控制方案。

J 1000kV 变电站大门存在镂空部分，根据实测和建模计算，在大门外 1m、高度为 1.2m 的位置噪声水平值约为 57dB（A），超过了站界不大于 50dB（A）的要求，因此对大门进行了降噪处理，将现有大门镂空部分用隔声、吸声材料进行填充，内外两侧采用不锈钢钢板焊接密封，需保证焊接的密闭性，同时将大门滑轮处内外两侧采用不锈钢钢板焊接密封，钢板距地面 30mm。

Q 1000kV 变电站周围地形起伏较大，边坡较大，如果按照站界达标设计，站外位于高边坡处声环境则可能不达标。随着环保验收日趋严格，U 1000kV 变电站在环保验收时监测了厂界及附近居住区等敏感点以外的区域，并且出现了不合格点，验收未通过，要求整改。鉴于此，降噪设计时按照新的环保要求进行了全面复核，将降噪墙设置在了站界坡顶处，从而满足站外边坡上声环境达标的要求。

4. 噪声计算软件及输入数据

（1）计算软件。目前特高压变电站噪声预测常用的计算软件包括 SoundPLAN 和 Cadna/A，均存在一定的计算误差，在输入数据正确的条件下，有±1～3dB（A）的计算误差。此外在计算中未计及风对噪声的影响，因此在实际评价时需考虑这些误差的存在。

（2）噪声源声功率水平。特高压变电站噪声预测中以国家电网公司编制的“特高压变电（换流）站可听噪声预测计算及影响评价技术规范”作为输入依据，进行噪声预测计算。采用的噪声源声功率级水平详见表 3－11－1。

表 3－11－1　　计算用噪声源声功率级水平

序号	设 备 名 称		声功率级 dB（A）	声源类型
1	1000kV 主变压器		102	面声源
2	1000kV 高压并联电抗器	320Mvar	104	面声源
		280Mvar	102	

续表

序号	设 备 名 称		声功率级 dB（A）	声源类型
2	1000kV 高压并联电抗器	240Mvar	101	面声源
		200Mvar	98	
3	110kV 并联电抗器		约 83.6	点声源
4	110kV 串联电抗器		约 81.6	点声源
5	110kV 站用变压器		约 81.3	点声源

注：高压并联电抗器采用隔声罩措施后降噪量按 20dB（A）考虑。

（3）噪声源和建筑物高度。上述噪声源在噪声计算中所取的高度见表 3－11－2。

表 3－11－2　噪 声 源 计 算 高 度

序号	设备名称	高度（m）	声源模型
1	1000kV 主变压器	2.5	（4.75m×10.65m）面声源
2	1000kV 高压并联电抗器	2.5	（5m×9m）面声源
3	110kV 串联电抗器	根据布置确定	点声源
4	110kV 并联电抗器	根据布置确定	点声源
5	站用变压器	2	点声源

特高压变电站建筑物高度由具体工程确定。

（4）噪声计算模型。噪声计算模型应按本期和远期进行区分。

（5）噪声计算平面高度。

根据《声环境质量标准》（GB 3096—2008）中的规定，变电站噪声计算平面取离地面高度 1.2m。

设计方案

进行降噪设计时，首先应进行噪声预测，噪声预测时可先计算本期和远景均不采取辅助降噪措施时的噪声分布图，若达标，则无需进行下一步工作，否则需根据前一版噪声分布图分析超标的原因、位置等，并有针对性地采取辅助降噪措施后再次计算，重复该过程直至本期及远景均达标为止。

以某 1000kV 交流变电站为例，该变电站噪声控制标准为站界执行《工业企业厂界环境噪声排放标准》（GB 12348—2008）2 类标准［昼 60dB（A），夜 50dB（A）］，变电站周围声环境执行《声环境质量标准》（GB 3096—2008）2 类标准。经计算，本期在加装高压并联电抗器隔声罩的基础上，加高变电站东南方向围墙至 5m（见图 3－11－1），可满足要求；远期需在加装高压并联电抗器隔声罩的基础上，加高南侧围墙至 8m、北侧围墙至 7.5m（见图 3－11－2）方能满足要求。

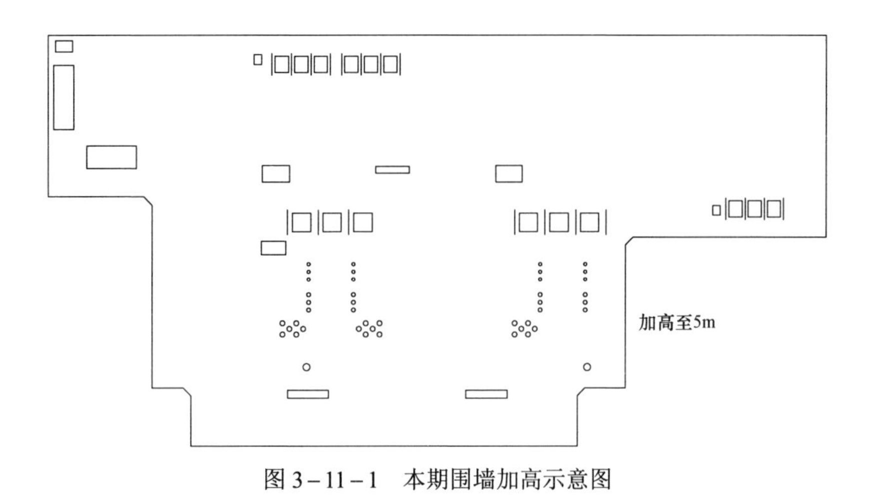

图 3－11－1　本期围墙加高示意图

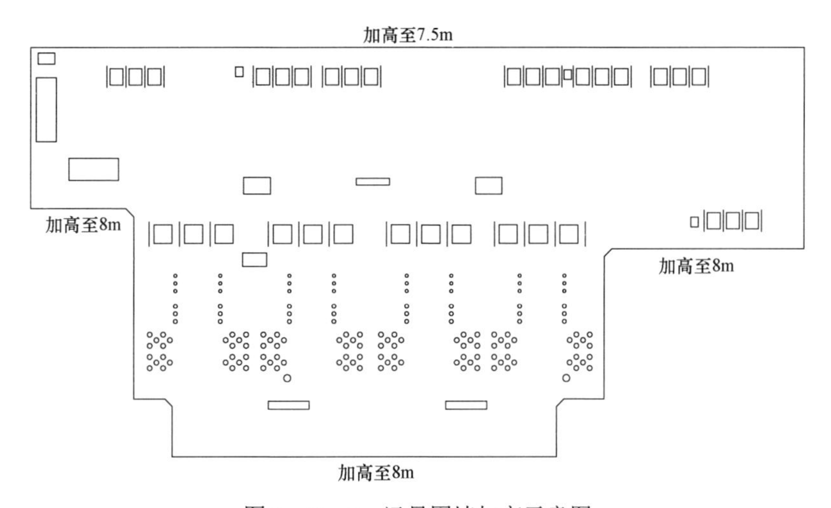

图 3－11－2　远景围墙加高示意图

图 3－11－3～图 3－11－5 分别是辅助降噪措施的工程实景照片。

图 3－11－3　某变电站 1000kV 并联电抗器隔声罩实景图

图 3－11－4　某变电站 1000kV 主变压器隔声屏障实景图

图 3－11－5　某变电站围墙加隔声屏障实景图

实施情况与经验体会

经过降噪设计，已建的 1000kV 交流变电站均通过了环保验收并成功投运。

需要注意的是，高压并联电抗器隔声罩的设计还需考虑以下要求：

内部净空间应满足运行人员巡视检修的要求，建议内部净空间不小于500mm；隔声罩的降噪量计算中取 20dB（A），但考虑到计算误差等，技术规范书中要求降噪量不小于 23dB（A）。

随着社会的发展，人们对噪声的关注程度越来越高，噪声控制标准也相应提高，使得工程满足噪声限值要求变得越来越难，而通过辅助降噪措施进行降噪的效果有限，到达一定程度后很难进一步降低。由于特高压设备制造厂已积累了较多的制造经验，建议由设备制造厂对主设备的噪声水平进行进一步研究，生产出噪声水平较低的特高压设备。同时，可以通过进一步优化总平面布置的方式，将噪声较大的设备尽量远离围墙，降低站界噪声值。

案例十二　智能机器人巡检设计方案

智能机器人巡检系统，是全面提高变电站智能化水平的领先技术，在我国已广泛应用于 1000kV 特高压变电站。本案例针对 1000kV 特高压变电站智能机器人巡检设计，分析了实际工程中的机器人巡视通道待优化问题，在工程设计阶段对智能机器人巡检方案进行优化，可以有效降低成本，提升工程效率。

基本情况

常规 1000kV 特高压变电站如设置机器人巡检，需增加巡检道路 700m^2，造价约为 10 万元（不含导航磁条和 RFID 点的埋设费用）。变电站巡检机器人的路径通常在确定机器人设备厂家后，由厂家到现场根据实际情况进行规划。这种设计容易造成在施工时部分路径不满足机器人的巡视通道要求，现场进行返工或者额外增加巡检道路，增加了工程建设成本。

研究分析过程

为实现特高压变电站机器人巡视通道的最优路径选择，合理布置停靠点以满足机器人的最佳检测角度，对 1000kV 交流变电站进行现场收资，针对实际工程中存在的路径问题进行分析。经研究发现，实际工程中存在的机器人巡视通道待优化问题主要包括：设备仪表布置不合理、电缆槽盒或支架位置不合理、巡视通道不满足要求等。

（1）设备仪表布置不合理主要表现在以下几个方面：

1）设备仪表方向布置不合理，未朝向就近的机器人巡视道路；

2）存在仪表向上倾斜的现象，机器人无法检测数据；

3）仪表位置在机器人检测时存在遮挡，有检测死角；

4）仪表位置的检测距离超出机器人的检测范围。

这些问题出现的主要原因在于施工图设计时未和一次设备厂家明确仪表朝向及安装位置，造成仪表布置不合理，影响机器人检测项目的覆盖率，造成现场返工或者增加额外的巡检道路，影响变电站施工工期。

设备仪表布置不合理图例如图 3－12－1～图 3－12－6 所示。

图 3－12－1　未朝向就近巡视通道，无法检测数据

图 3－12－2　按照机器人高度进行角度计算，无法读取仪表数据

图 3-12-3　按照机器人高度，
母线筒遮挡仪表

图 3-12-4　朝向不合理，
增加额外巡检道路

图 3-12-5　仪表朝上布置，
并存在遮挡，无法检测数据

图 3-12-6　仪表未朝向中间电缆沟
检测通道，额外增加巡检道路

（2）电缆槽盒或支架位置不合理主要表现在：巡检道路中有阻挡物，影响巡检机器人路径，造成通道宽度不满足要求；道路两侧表计为备用巡检项目，需人工巡检，现场智能巡检覆盖率降低，影响工作人员巡检的方便性。

一次设备厂家在施工图设计时，仅按照功能的实现进行设计，未结合机器人考虑路径问题以及运行人员的便利。路径被阻挡的不合理示例如图 3-12-7～图 3-12-10 所示。

（3）巡视通道不满足要求，主要是因未事先结合机器人巡检通道的要求进行设计，容易造成现场额外工作量。主要有以下几个常见问题：相邻巡视通道间衔

图 3－12－7　平台扶梯支柱错开布置，扶梯位置靠外，影响巡检路径

图 3－12－8　平台扶梯支柱阻挡巡检路径，无法巡检该通道两侧表计

图 3－12－9　电缆槽盒阻挡巡检路径，无法巡检该道路仪表

图 3－12－10　电缆槽盒阻挡巡检路径，且仪表朝向也不合理，无法巡检该此处仪表

接处高度差不满足要求，机器人行走存在颠簸现象，影响机器人寿命；电缆沟盖板作为巡检通道时，不满足机器人通道宽度要求，额外增加巡检道路。道路设计如图 3－12－11 和图 3－12－12 所示。

（4）变电站内设计标高对机器人巡检通道的影响。通过对机器人生产厂家收资，机器人巡视通道一般要求为：道路宽度应大于或等于 1.2m，坡度应小于或等于 6°，单侧散水角度为 1%～2%。一般特高压变电站场地坡度不大于 6%（换算角度为 3.4°），完全满足机器人巡检要求，不必对站区内标高和排水坡度进行改造。

图 3－12－11　电缆沟盖板低于道路，巡视高度差不满足要求，存在颠簸

图 3－12－12　电缆沟盖板宽度不满足巡检通道要求，额外增加道路

由于不同业主要求以及不同设计单位的设计习惯存在差异，GIS 基础、站内道路和电缆沟的标高设定有所不同。GIS 基础高度一般高出场地 150～200mm，电缆沟盖板常规做法高出地面 100～150mm；站内道路常规做法高出场地 100～150mm；考虑机器人巡检要求，建议常规变电站内 GIS 基础、站内道路和电缆沟高出场地统一为 150mm。因此，1000kV 变电站内 GIS 基础、电缆沟盖板和站内道路高出场地高度，应保持一致，便于机器人进行巡检。

（5）其他因素主要包括：户外仪表按照要求增加防水罩，但防雨罩的设计形状不合理，影响光线遮挡仪表，造成机器人巡检无法看清数据；仪表按照设备高度进行布置，降低位置会造成精确度下降，但距离停靠点直线距离不满足巡检要求等。如图 3－12－13 和图 3－12－14 所示。

图 3－12－13　防水罩形状设计遮挡仪表光线

图 3－12－14　仪表位置距离停靠点直线距离不满足巡视要求

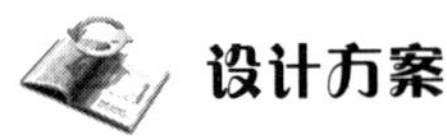

设计方案

通过上述分析，在设计阶段应充分考虑机器人巡检的要求，与厂家充分沟通配合，合理布置设备仪表，预留巡检通道，对设计方案提出以下几点建议：

1. 表计朝向及高度的建议

（1）为保证机器人采集到表计的正面图像，表计应朝向巡检通道。

（2）机器人无法到达区域的表计有条件的可以外引集中布置。

（3）位置较高的表计应调整表计角度及高度，使机器人正对表计拍摄时的仰角小于 30° 且无遮挡。无法调整角度及高度的表计可由机器人调控附近固定摄像头采集图像。

（4）带防雨罩的表计应尽量靠近防雨罩观测孔，减小防雨罩的遮挡及其对光线的影响。

2. 预留巡视通道的建议

（1）设备厂家布置设备支架、爬梯及电缆槽盒时应注意预留机器人巡检通道，尽量使巡检通道顺直，减小巡检通道的复杂性。

（2）站内巡检通道应按照机器人巡检通道的要求进行建设，避免后期修补。

（3）为节省投资，巡检通道应考虑充分利用已建电缆沟。电缆沟盖板应满足机器人巡检通道的要求。

3. 基础、站内道路和电缆沟标高的建议

考虑机器人巡检要求，1000kV 变电站内 GIS 基础、电缆沟盖板和站内道路高出场地的高度保持一致。建议常规变电站内 GIS 基础、站内道路和电缆沟高出场地统一为 150mm，便于机器人进行巡检。

4. 电缆沟盖板宽度的建议

当使用电缆沟盖板作为巡检通道时，如设计阶段采取的盖板宽度不满足机器人通道宽度要求，则后期需要额外增加巡检道路。因此在设计阶段，需根据巡视机器人厂家要求，采取合适的电缆沟盖板宽度。

实施情况与经验体会

为全面发挥智能巡检机器人的功能和作用，扩大机器人的巡视范围，统筹巡检任务规划，新建交流特高压变电站设计时应充分考虑机器人对设备巡视的要求，对表计朝向及巡视通道进行合理规划。

设计院在施工图卷册中增加巡检机器人道路施工图，图中应清楚示意全站机器人道路的定位，机器人充电房的位置和基础，说明道路的总面积，缩缝和胀缝的做法要求以及充电房基础的要求等。

电 气 二 次 篇

电气二次是特高压变电工程设计的重要专业，主要用于控制、保护、监视并辅助变电站内一次设备及其他公用设备的正常运行。电气二次设计主要涵盖了系统保护和元件保护及其故障录波系统、计算机监控系统、直流及交流不停电电源系统、电能计量系统、相量测量系统及辅助系统等方面的内容。

特高压交流变电站二次接线极其繁复、易错，本篇选取了 7 个具有共性的电气二次设计典型案例，涉及母线保护、主变压器励磁涌流抑制、110kV 断路器相位控制装置二次接线、1000kV 及 500kV GIS 二次接线、在线监测电源、蓄电池及直流电源等方面。在具体案例中对其逐一进行了详细分析和研究，并介绍了在工程中的具体实施情况以及案例带来的经验体会。

案例一　母线保护、主变压器保护启动失灵开关量输入双重化接线问题

关于 1000、500kV 母线保护和主变压器保护，并没有规程规范要求失灵启动回路必须双开入，但根据实际工程经验，有较多地区的运行单位要求该回路必须按照双开入设计。

基本情况

《国网交流部关于淮南～南京～上海等 5 项 1000kV 交流特高压工程设计质量回访总报告的通报》中第 1.06 条问题描述为：1000kV 及 500kV 母差保护、主变压器高、中压侧开关保护的失灵开入回路，两个开入继电器在装置内部短接，并未引出到端子排。开关保护至母差保护的失灵回路也是单失灵回路。

研究分析过程

1.06 条问题描述中提到的双开入继电器在装置内短接的母差保护接线如图 4－1－1 所示。

修改后的母差保护双开入接线如图 4－1－2 所示。

主变压器保护的双开入接线方式与此类似。

根据《国家电网公司十八项电网重大反事故措施》中第 15.7.7 条要求：针对来自系统操作、故障、直流接地等异常情况，应采取有效防误动措施，防止保护装置单一元件损坏可能引起的不正确动作。断路器失灵启动母差、变压器断路器失灵启动等重要回路宜采取双开入接口，必要时，还可装设大功率重动继电器，或者采取软件防误等措施。

根据《国家电网公司关于印发防止变电站全停十六项措施（试行）的通知》中第 6.2.3 条要求：对于可能导致多个断路器同时跳闸的直跳开入，应采取在开入回路中装设大功率抗干扰继电器（启动功率大于 5W，动作电压在额定直流电源电压的 55%～70%范围内，额定直流电源电压下动作时间为 10～35ms）或采取软件防误等措施防止直跳开入的保护误动作。

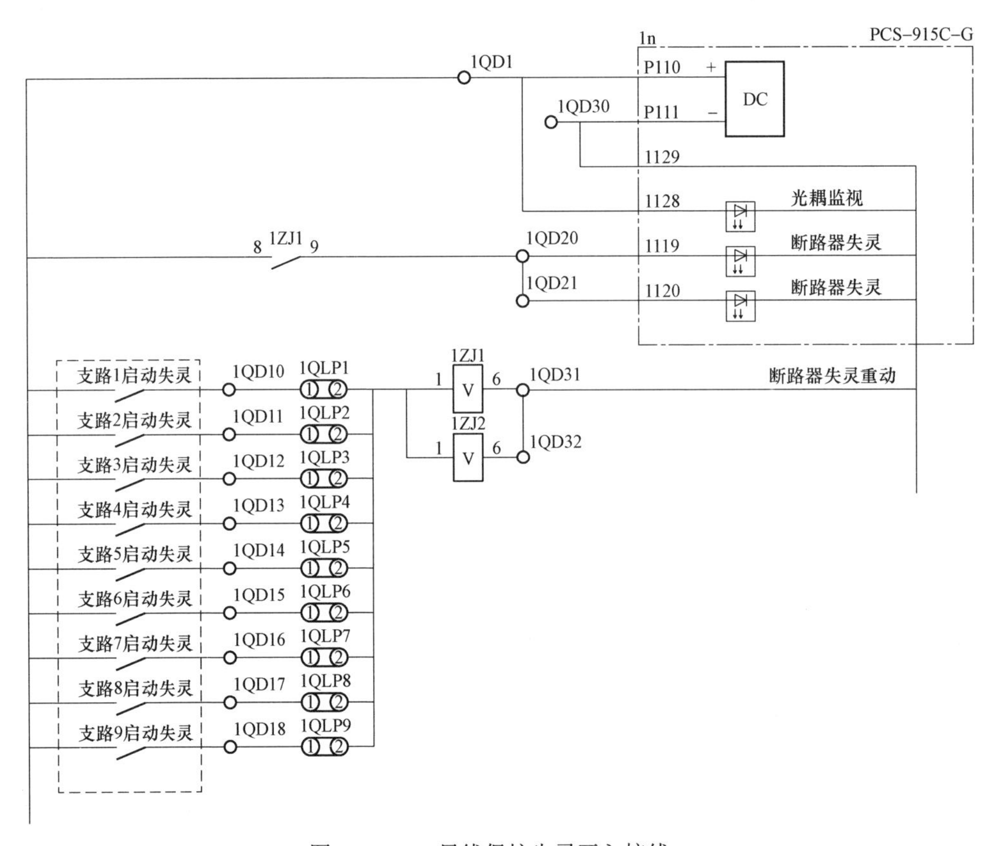

图 4－1－1　母线保护失灵开入接线一

根据《变压器、高压并联电抗器和母线保护及辅助装置标准化设计规范》（Q/GDW 1175—2013）中第 5.1.2.3e 条要求：变压器高压侧断路器失灵保护动作开入后，应经灵敏的、不需整定的电流元件并带 50ms 延时后跳开变压器各侧断路器。第 7.2.2 条要求：3/2 断路器接线，失灵保护动作经母差保护出口时，应在母差保护装置中设置灵敏的、不需整定的电流元件并带 50ms 延时。

由以上各条文可知，针对 1000、500kV 母线保护和主变压器保护，并没有强制失灵启动回路必须设计双开入，并且母线保护和主变压器保护装置内部已经设置了电流元件并带 50ms 延时。经查特高压工程的母线保护和主变压器保护的技术规范书，也已经要求保护厂家开入回路需经过 5W 的大功率继电器重动。根据以上规程规范及相关技术要求文件，在此种情况下失灵启动采用单开入设计也是满足要求的。

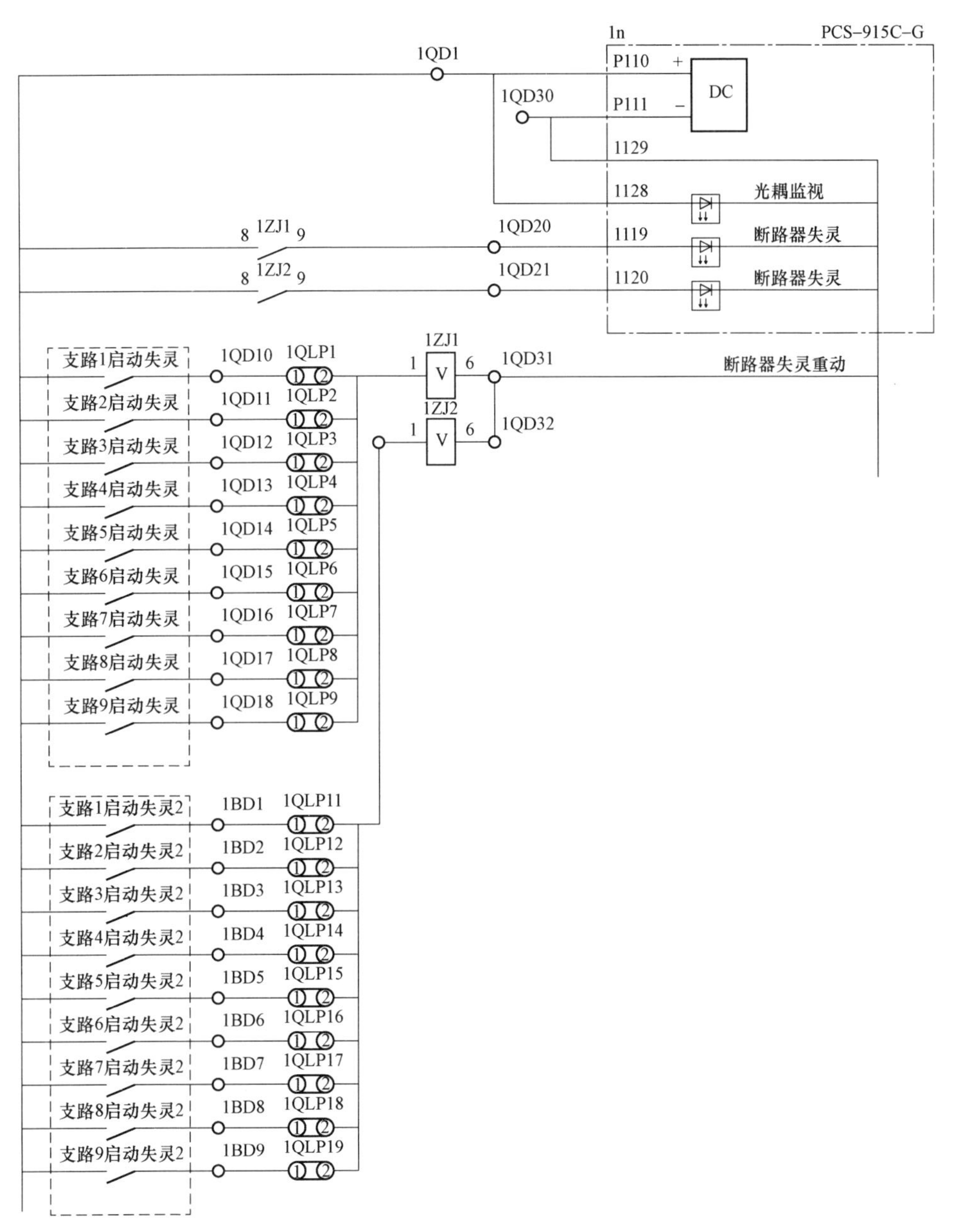

图 4-1-2　母线保护失灵开入接线二

设计方案

考虑到工程属地运行单位的具体要求，近几年投运的工程中大部分已将单开入回路修改为双开入回路，并增加了相关的回路电缆和接线。

实施情况与经验体会

虽然单开入设计符合规程规范要求，但是根据实际设计经验，部分地区（如山东、华北等）要求母线保护或主变压器保护的失灵启动回路必须设计为双开入回路。

建议后续工程中，设计单位应提前就此问题在设计联络会上与运行单位进行沟通，了解地方运行单位需求，便于及时做出方案调整。

案例二　主变压器励磁涌流抑制问题

励磁涌流具有引起电压畸变、导致避雷器动作或损坏、降低主变压器绕组机械强度、造成主变压器保护误动等一系列危害。本案例以 H 1000kV 变电站为例，针对变压器空载合闸励磁涌流问题，提出了基于剩磁计算的选相合闸技术抑制主变压器励磁涌流的设计方案。

基本情况

H 1000kV 变电站本期装设 2 组 3000MVA 主变压器，由甲厂提供。1000kV 侧采用 3/2 断路器接线，GIS 设备，由戊厂提供。500kV 侧采用 3/2 断路器接线，GIS 设备，由己厂提供。

研究分析过程

1. 变压器空载合闸励磁涌流的形成及危害

由于铁芯内磁通不能突变，变压器空载合闸的相位角不匹配或铁芯内部存在剩磁时，会在铁芯中产生一个磁通的初始非周期分量，导致铁芯迅速饱和。铁芯饱和后，磁路从漏磁通道流通，形成励磁涌流。由此可能导致变压器差动保护误动作，同时造成绕组变形，从而减少变压器寿命。励磁涌流含有多个谐波成分及直流分量，会降低电力系统供电质量。同时，涌流中的高次谐波对连接到电力系统中的其他电力电子器件有极强的破坏作用。

2. 励磁涌流的抑制措施

励磁涌流的大小与变压器额定磁密、绕组结构、铁芯剩磁以及合闸相位角相关。抑制励磁涌流有以下几种措施：

（1）优化变压器设计。降低变压器的额定工作磁密，避免高压绕组在最内圈的绕组布置方式。

（2）消除变压器剩磁。在断路器合闸之前对变压器进行消磁。

（3）增加断路器合闸电阻。每相断路器上增加合闸电阻，在变压器投入以后，将断路器合闸电阻退出。

（4）加装励磁涌流抑制装置。通过励磁涌流抑制装置使断路器在系统电压的指定相角处合闸，使得变压器在励磁涌流最小的情况下投入。

其中第（1）条需变压器厂家优化设计。加装励磁涌流抑制装置与（2）、（3）条抑制措施相比，能够从源头上消除变压器的励磁涌流，操作简单，不改变现有变电站设备结构。H 变电站采用加装励磁涌流抑制装置的抑制变压器励磁涌流措施。

3. 励磁涌流抑制装置

（1）励磁涌流抑制装置控制策略。目前，励磁涌流抑制装置的控制策略可分为不计算剩磁和计算剩磁两种：

1）不计算剩磁的峰值合闸策略。选相合闸策略为：第一相在电压峰值处合闸，另外两相在第一相电压过零点时合闸。这种策略可以将励磁涌流降低到随机合闸最大值的 30%～50%。这种策略适用于系统可以承受一定的励磁涌流，或预算有限（不需要计算剩磁模块）的情况。

2）计算剩磁的选相角合闸策略。当变压器存在剩磁时，对剩磁情况进行计算，通过计算决定断路器的合闸角度。选相合闸策略为：第一相在与变压器剩磁水平相同时进行合闸。另外两相在合闸相电压过零点时同时合闸。

其中，策略 2）较策略 1）抑制效果更为明显，因此 H 站变压器励磁涌流抑制装置采用计算剩磁的选相合闸策略。

（2）励磁涌流抑制装置对受控断路器要求。

1）合闸时间必须是机械可重复的，偏差值越小越好，建议控制在±1ms 内。

2）在操作条件（如电压、温度、油压等）改变时，断路器动作时间可预测。断路器的动作时间可能会由于控制电压、操作温度、机构油压和闲置时间等因素影响而不同。断路器制造厂家需提供一份在不同操作条件下的断路器动作时间数据，用于励磁涌流抑制装置预测在不同操作条件下的断路器动作时间。

3）绝缘强度降低率（RDDS）应大于 0.7（标幺值），以便在变压器出现高剩磁时，控制断路器在系统的任何一点进行合闸。

设计方案

1. 配置方案

配置方案为H站两组主变压器高、中压侧共8台断路器各配置1台励磁涌流抑制装置，由某公司提供，每两台励磁涌流抑制装置组1面屏，共4面屏，分别布置在受控断路器保护屏所在继电器小室。H站主变压器断路器励磁涌流抑制装置组屏方案见表4-2-1。

表4-2-1　　H站主变压器断路器励磁涌流抑制装置组屏方案

屏柜名称	屏内装置	屏柜位置
1号主变压器1000kV侧励磁涌流抑制装置柜	1号主变压器1000kV侧边、中断路器励磁涌流抑制装置	1号1000kV继电器小室
1号主变压器500kV侧励磁涌流抑制装置柜	1号主变压器500kV侧边、中断路器励磁涌流抑制装置	1号500kV继电器小室
3号主变压器1000kV侧励磁涌流抑制装置柜	3号主变压器1000kV侧边、中断路器励磁涌流抑制装置	2号1000kV继电器小室
3号主变压器500kV侧励磁涌流抑制装置柜	3号主变压器500kV侧边、中断路器励磁涌流抑制装置	2号500kV继电器小室

2. 二次接线方案

（1）H站断路器励磁涌流抑制装置采用计算剩磁的合闸策略。通过与主变压器110kV侧相连的三相电压互感器计算得到变压器剩磁，由其中一相的剩磁得到该相合闸角并合闸。另外两相在合闸相电压过零点时同时合闸。测量电压可以取自变压器任意一侧，但必须与变压器直接相连，保证断路器励磁涌流抑制装置始终能测量到变压器电压。

（2）由于断路器的合闸时间随着控制电压、机构温度、机构油压等操作条件改变而不同，励磁涌流抑制装置接入以上操作条件的模拟量测控信息，结合在不同操作条件下的断路器动作时间数据，预测在不同操作条件下的断路器动作时间。其中，控制电压直接从励磁涌流抑制装置的控制电源采集，要求此控制电源与断路器控制电源来自同一路直流馈线。机构温度及机构油压由装设于断路器本体的传感器采集，通过4～20mA信号送至励磁涌流抑制装置。

（3）励磁涌流抑制装置接入受控断路器对侧的电压，这个电压可以是母线电压（边断路器）也可以是串内线路电压（中断路器），用于监测系统电压，控制断路器在指定角度合闸。

（4）励磁涌流抑制装置接入受控断路器电流，通过监测合闸瞬间断路器励磁涌流及检测断路器动作时间偏差，判断选相合闸是否成功。

励磁涌流抑制装置原理图如图 4－2－1 所示。装置采集的电气量及用途见表 4－2－2。

表 4－2－2　　励磁涌流抑制装置模拟量及开关量信号

模拟量及开关量	用途	备　注
主变压器 110kV 侧三相电压	用于计算主变压器剩磁	与主变压器直接相连且采用电磁式电压互感器
主变压器高中压侧断路器系统侧电压（单相或三相）	用于获取合闸时电压相角	边断路器取母线电压，中断路器取串内线路电压
受控断路器电流	用于测量合闸时的励磁涌流	
受控断路器机构箱内温度	用于断路器合闸时间补偿	
受控断路器机构油压	用于断路器合闸时间补偿	
受控断路器控制电压	用于断路器合闸时间补偿	
受控断路器位置	用于采集断路器位置	

3. 其他需要考虑的问题

（1）事故总信号和重合闸。断路器配置选相合闸后，控制断路器合闸命令从励磁涌流抑制装置直接至断路器机构而不经过断路器操作箱，导致操作箱手合继电器无法启动，事故总信号及重合闸功能不能正常使用。为避免出现上述问题，控制回路需做相应修改，测控装置发出合闸命令给励磁涌流抑制装置的同时发信号至操作箱单独启动手合继电器，用于闭锁事故总信号和闭锁重合闸。

（2）110kV 电磁式电压互感器消谐。由于电容式电压互感器具有较高的绝缘强度、较好的抗谐振能力等优点，广泛地应用于当前电力系统中。但是其暂态精度不及电磁式电压互感器。

为准确计算断路器分闸后变压器内剩磁，变压器 110kV 侧需采用暂态特性较好的电磁式电压互感器。110kV 电磁式电压互感器一、二次侧需采取消谐措施，防止电磁式电压互感器发生铁磁谐振。

实施情况与经验体会

H 站现场调试试验表明，断路器励磁涌流抑制装置的应用可有效降低断路器合闸瞬间所造成的主变压器励磁涌流，有利于电网系统的安全稳定。励磁涌流抑制装置可用于其他有抑制主变压器励磁涌流要求的变电站工程。

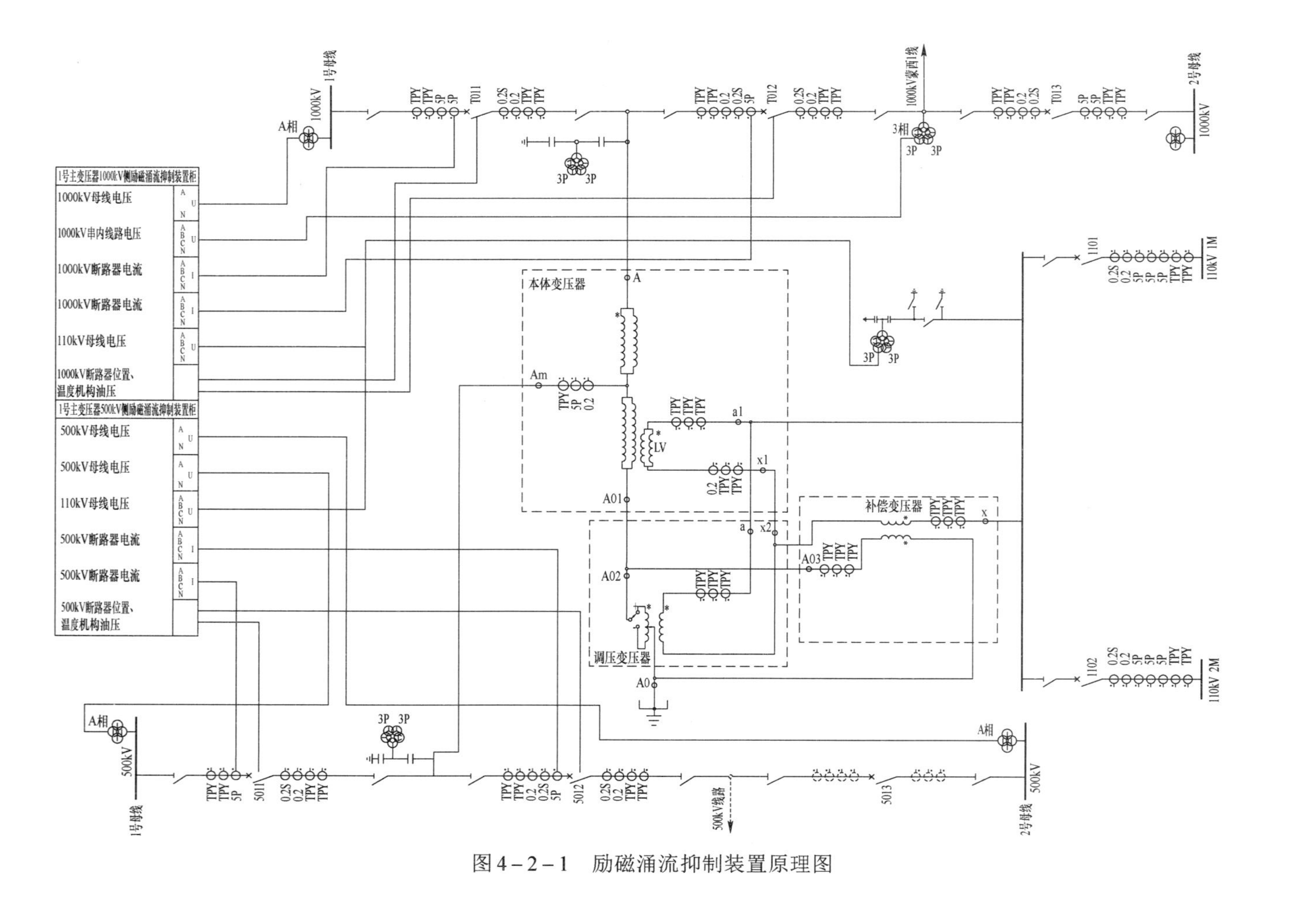

图4-2-1　励磁涌流抑制装置原理图

现在国内外主要励磁涌流抑制装置可分为计算变压器剩磁合闸和不计算变压器剩磁合闸两种，其中，计算变压器剩磁励磁涌流抑制装置抑制效果更为明显。但与不计算变压器剩磁的励磁涌流抑制装置相比其接线较为复杂，且不计算变压器剩磁的励磁涌流抑制装置无需计算剩磁模块，设备费用较低。后续工程中可利用已有经验成果优化选相合闸策略。

案例三　110kV 无功补偿间隔断路器相位控制装置信号问题

特高压变电站 110kV 设备可采用断路器或负荷开关。当采用断路器时，每台断路器均配置了相位控制装置，以起到减少涌流和瞬态过电压、避免重燃、提高断路器寿命的作用。但是根据实际工程反馈，相位控制装置与断路器操作箱相互配合的二次接线并不完善，存在引起操作箱误发信号的问题。本案例详细分析了二次接线存在的问题，并提出了解决方案。

基本情况

K 1000kV 变电站 110kV 断路器均配置有相位控制装置，其功能是利用相位控制技术来控制断路器的分合闸时间，目的是抑制瞬态过电压和涌流、消除分闸重燃过电压、提高断路器的开断能力和寿命。目前，相位控制装置在特高压变电站中已得到广泛应用，但其控制回路接线并不完善，存在操作箱误发信号的问题。

研究分析过程

相位控制装置在断路器控制回路中的接口原理如图 4－3－1 所示。在断路器整个控制回路中的主要设备包括测控装置、相位控制装置、操作箱及机构跳合闸线圈。相位控制装置保留来自监控系统的分合闸命令，并考虑断路器的预期操作时间，然后将该信息发送给断路器，从而使之在合适的相位执行分合闸命令。

（1）操作箱误发“事故总”信号。目前常用的操作箱控制回路接线方式如图 4－3－2 所示。

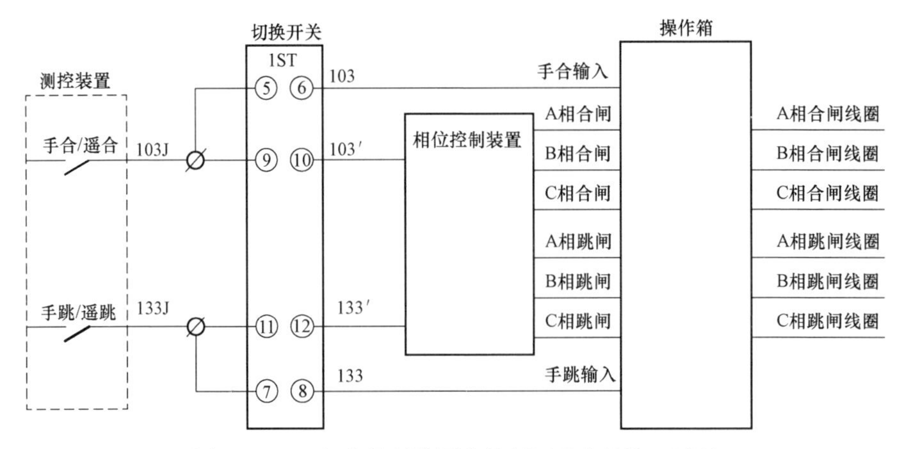

图 4-3-1 相位控制装置在控制回路中的接口原理

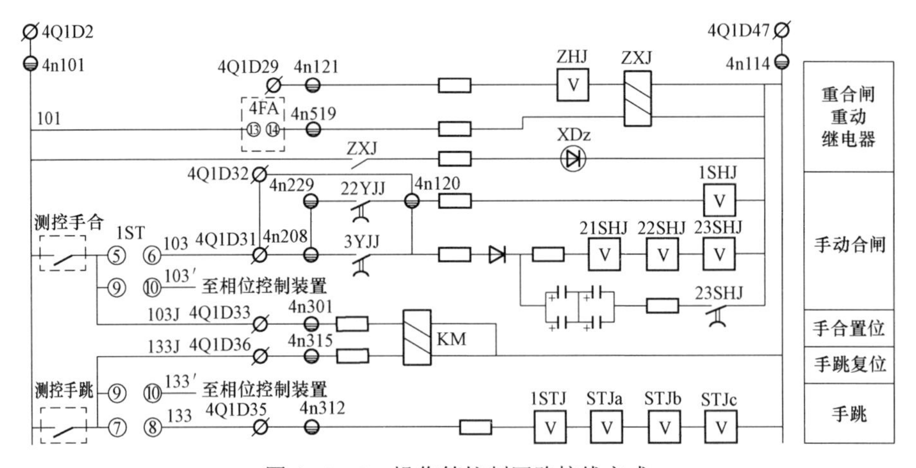

图 4-3-2 操作箱控制回路接线方式

ZHJ—重合闸重动继电器；ZXJ—重合闸重动信号继电器；SHJ—手动合闸继电器；STJ—手动跳闸继电器

根据此接线方式，只要测控装置发出手合或手跳命令，均能启动合后的继电器 KM。当测控装置发出手合命令时，立即启动继电器 KM，KM 继电器用于启动“事故总”信号的接点闭合。而相位控制器需要经延时出口，此时断路器仍未合闸，其 KCF 接点仍处于闭合位置。则操作箱会误发“事故总”信号。“事故总”信号接线图如图 4-3-3 所示。

断路器合闸成功后“事故总”信号会消失。该瞬时的“事故总”信号可能会使运行人员作出错误判断。在以往的工程中，一般采用监控系统信号采集延时的办法来屏蔽该瞬时的“事故总”信号，但没有从根本上解决误发问题。

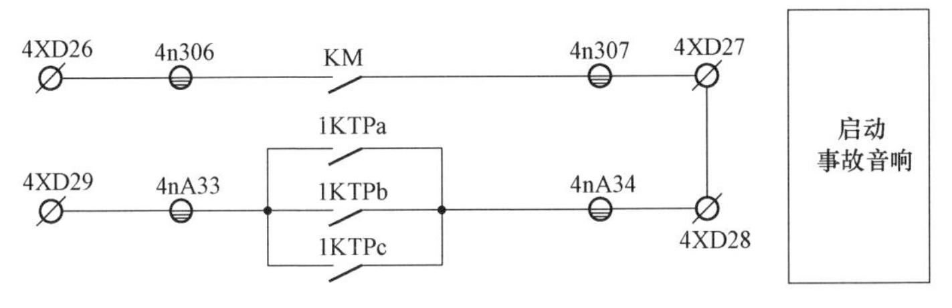

图 4－3－3 “事故总”信号接线图

（2）操作箱误发“跳闸出口”信号。目前常用的操作箱相位控制装置跳闸出口接线方式有两种，分别如图 4－3－4 和图 4－3－5 所示。

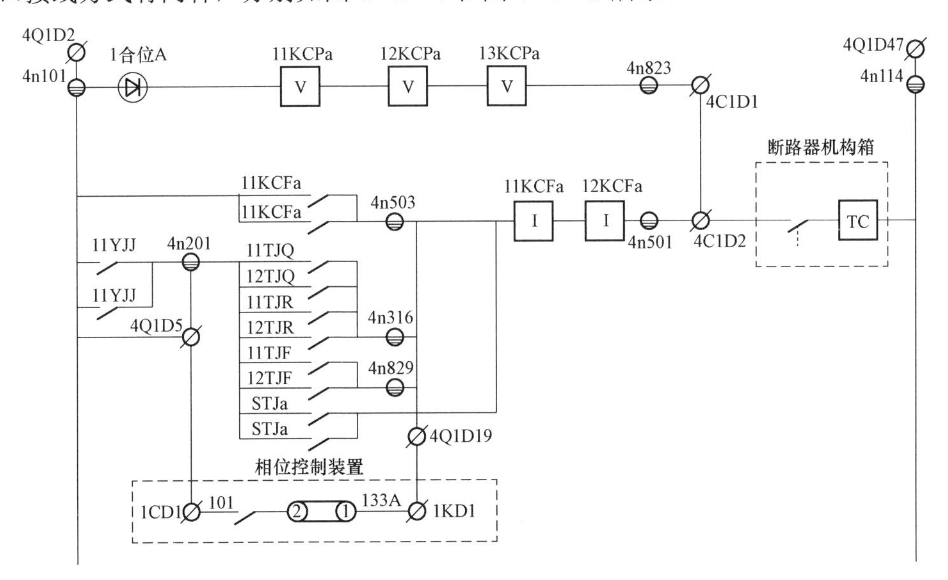

图 4－3－4 操作箱相位控制装置跳闸出口接线方式一

当采用此种接线方式时，相位控制装置跳闸出口回路经操作箱跳闸保持回路，再接至断路器机构跳闸线圈。

当采用此种接线方式时，相位控制装置跳闸出口回路不经操作箱跳闸保持回路，直接接至断路器机构跳闸线圈。

根据图 4－3－6 的操作箱跳闸信号回路接线，正常情况下，手跳时不发出跳闸信号，保护跳闸时，操作箱发出跳闸信号。

但当相位控制装置采用图 4－3－4 的接线方式时，通过相位控制装置跳闸时，没有启动 STJa，则操作箱会发出跳闸信号。这与常规操作箱的出口跳闸信号不一致，有可能误导运行人员以为是保护跳闸。

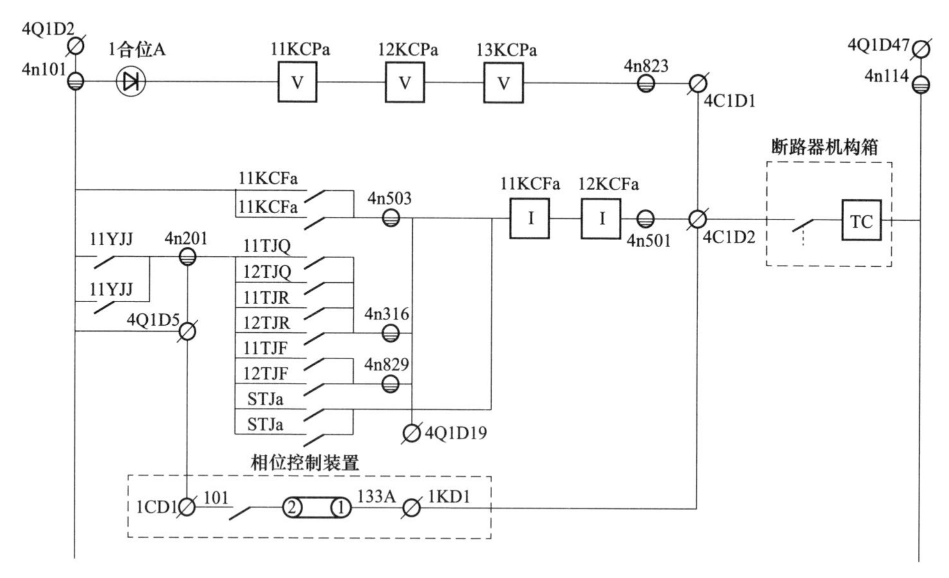

图 4－3－5 操作箱相位控制装置跳闸出口接线方式二

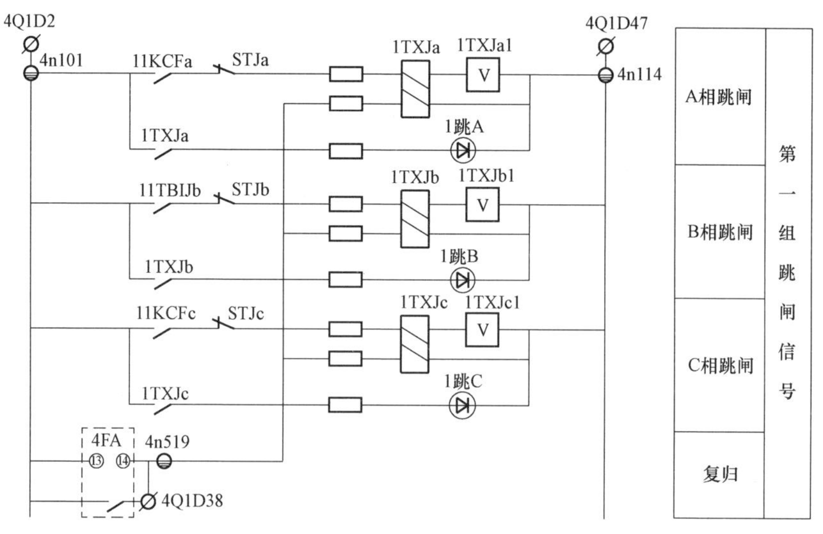

图 4－3－6 操作箱跳闸信号回路接线

TXJ—跳闸信号继电器

当相位控制装置采用图 4－3－5 的接线方式时，相位控制装置跳闸不启动 11TBIJa 和 1TXJa，也就不会误发跳闸信号。不过经过对各厂家相位控制装置的调研，其出口触点均为动合触点，也满足断路器跳合闸线圈的开断能力，但均不带自保持回路，有可能存在跳不开断路器的风险。

设计方案

目前现有的相位控制装置与操作箱无论采用哪种接线方式都存在一定瑕疵。建议在后期配置相位控制装置的工程中，对相位控制装置和操作箱的内部回路略做改进，以完善上述信号回路的缺陷。以下分别就两个误发信号问题提出改进方案。

（1）操作箱误发“事故总”信号改进。针对操作箱误发“事故总”信号问题，可采用以下改进接线，如图 4－3－7 所示。

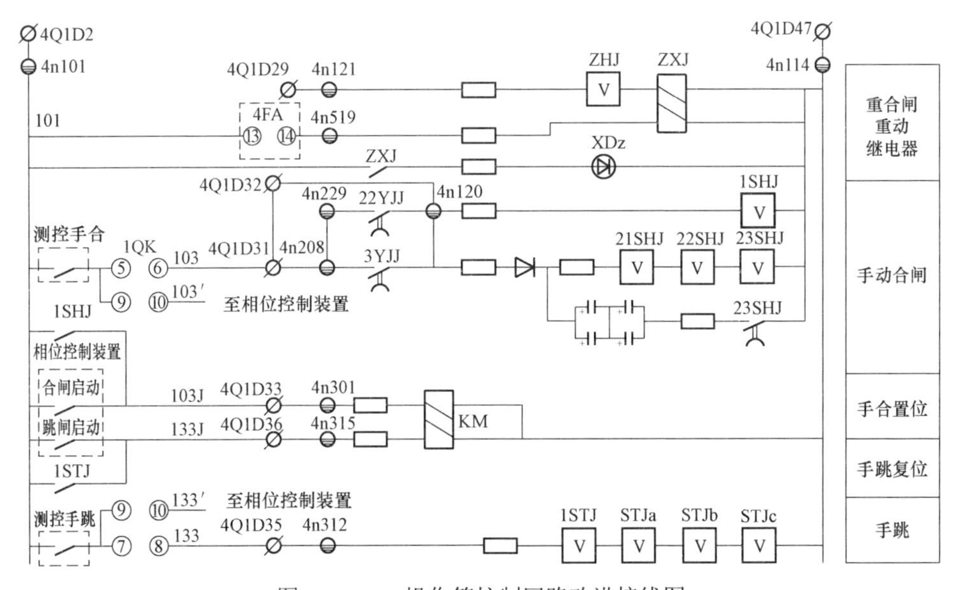

图 4－3－7　操作箱控制回路改进接线图

ZHJ—重合闸重动继电器；ZXJ—重合闸重动信号继电器；SHJ—手动合闸继电器；STJ—手动跳闸继电器

如图 4－3－7 改进后，操作箱不会再误发“事故总”信号。但需要相位控制装置在发出分相合闸或分相跳闸命令的同时，再发一个启动操作箱 KM 继电器的命令。此外还需要利用操作箱手合继电器和手跳继电器的辅助触点启动操作箱 KM 继电器。

（2）操作箱误发“跳闸出口”信号改进。针对操作箱误发“跳闸出口”信号问题，可采用以下改进接线，如图 4－3－8 所示。

如图 4－3－8 改进后，需要增加一个手跳保持继电器 STBJa，将手跳回路和保护跳回路的保持继电器分开，相位控制装置的跳闸出口与手跳回路共用此保持继电器，可既满足出口带自保持回路，也不会误发跳闸信号。

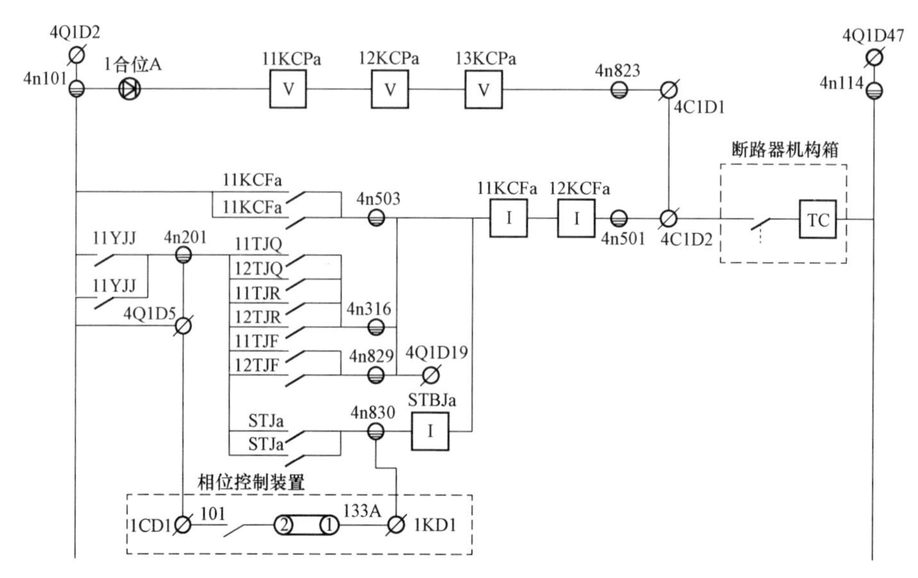

图 4－3－8　操作箱相位控制装置跳闸出口改进接线

实施情况与经验体会

目前特高压工程中使用的断路器操作箱均为专用设备，相位控制装置也为某合资厂家独有，因以上修改方案均涉及装置本身的设计，所以现场更改两个装置的接线均存在实际操作困难。

目前已投运的特高压交流变电站均未能解决以上误发信号问题，实际工程中通过设计单位与运行单位沟通，使运行人员充分了解存在误发信号的可能性，以便其在运行过程中根据实际情况灵活应对。

案例四　1000kV 和 500kV GIS 不完整串信号上送问题

断路器 3/2 接线是 1000kV 及 500kV 变电站内最常见的主接线形式，在实施过程中会出现不完整串的情况。不完整串中预留断路器间隔经常设置隔离开关和接地开关，该隔离开关和接地开关的接线，在不同变电站内有不同的设计方式。

基本情况

《国网交流部关于淮南～南京～上海等5项1000kV交流特高压工程设计质量回访总报告的通报》中第1.33条问题描述为，500kV GIS 2号母线接地开关电器指示以及其他信号未接入汇控柜，无法实现远控、近控操作。

研究分析过程

第1.33条问题描述的主接线如图4－4－1所示。

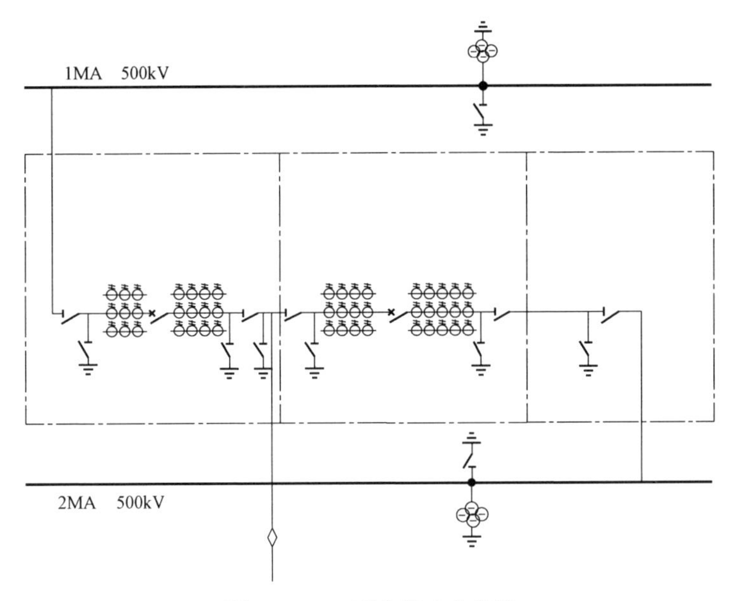

图4－4－1 不完整串主接线

对于1000kV和500kV GIS不完整串，上图的接线方式是常见的。其中母线侧备用间隔设置隔离开关和接地开关的主要作用是为了在后续扩建工程中，缩短母线的停电时间及方便母线停电检修。但是母线侧预留间隔的隔离开关和接地开关是不投入不完整串的运行的，即隔离开关长期闭合，按硬连接考虑，接地开关长期断开。因此，隔离开关与接地开关在运行方式上按不投入运行考虑，所以设计单位在设计中没有设计相关的控制和信号回路，仅上送了气室的SF_6告警信号。GIS厂家没有给预留间隔配置汇控柜，也没有将这两把隔离开关和接地开关的控制回路引接到中断路器的汇控柜上。

设计方案

应调度及运行部门的要求，所有主接线上存在的隔离开关和接地开关都应上送位置信号。因此设计单位与厂家协商后，将预留间隔隔离开关和接地开关的位置信号汇总到中断路器的汇控柜中，设计单位利用备用芯将信号接入中断路器测控装置。修改回路如图 4－4－2 所示。

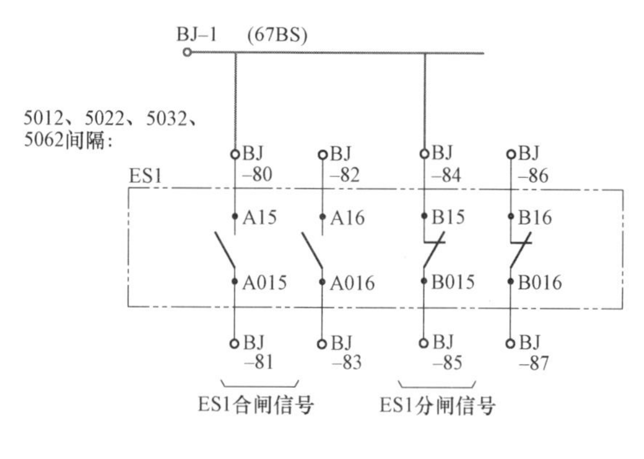

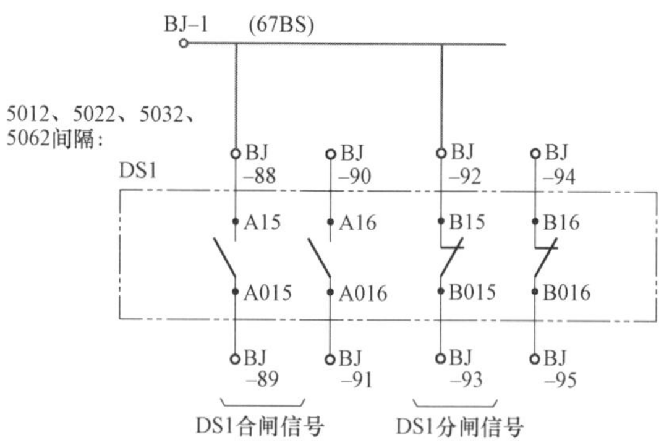

图 4－4－2 GIS 厂家修改图

远期扩建预留间隔后，该隔离开关和接地开关的位置信号、电缆芯线将从中断路器汇控箱和中断路器测控装置中拆除，改由预留间隔新增的断路器汇控箱与间隔内其他隔离开关位置信号一起重新接入边断路器测控装置。

实施情况与经验体会

后续工程中应在设计联络会阶段就此问题与调度和运行部门充分沟通，说明此隔离开关和接地开关的设计意图和运行方式，并对此隔离开关和接地开关是否进行远控及位置信号采集达成一致意见。

如确实需要对隔离开关和接地开关进行监控和信号采集，则建议针对不完整串，也同样按完整串配置 3 台测控装置，备用间隔隔离开关和接地开关的控制及信号可接入备用间隔对应的测控装置，以免扩建时修改接线，增大工作量。

案例五　油色谱在线监测电源问题

特高压变电站的主变压器及高压并联电抗器均设置了油色谱在线监测系统，该系统的电源由厂家统一设计。但在具体工程中存在部分设备现场接线不合理的现象，易造成设备损坏。本案例对此问题提出了油色谱在线监测系统电源的设计思路。

基本情况

《国网交流部关于淮南～南京～上海等 5 项 1000kV 交流特高压工程设计质量回访总报告的通报》中，第 1.15 条问题描述为，油色谱在线监测装置及主 IED 电源均取自主变压器风冷控制开关，在主变压器风冷调试、验收过程中，导致油色谱在线监测装置频繁启机、掉电，使 1 号主变压器油色谱在线监测装置损坏。

研究分析过程

主变压器和高压并联电抗器的油色谱在线监测系统的电源接线类似，一般由每相的风冷控制柜或风冷控制回路引出。以主变压器为例，油色谱在线监测装置电源接线如图 4－5－1 所示。

从图 4－5－1 可知，主变压器每相的油色谱在线监测电源取自每相的风冷控制柜。风冷控制柜有 2 路交流电源进线，经双电源切换后分别给每组冷却器分控箱、调压开关和油色谱在线监测装置供电。如果在调试、验收阶段，运行人员频繁投切两路交流电源进线，会导致油色谱在线监测装置频繁启停，容易造成设备损坏。

高压并联电抗器的油色谱在线监测电源设计与此类似。

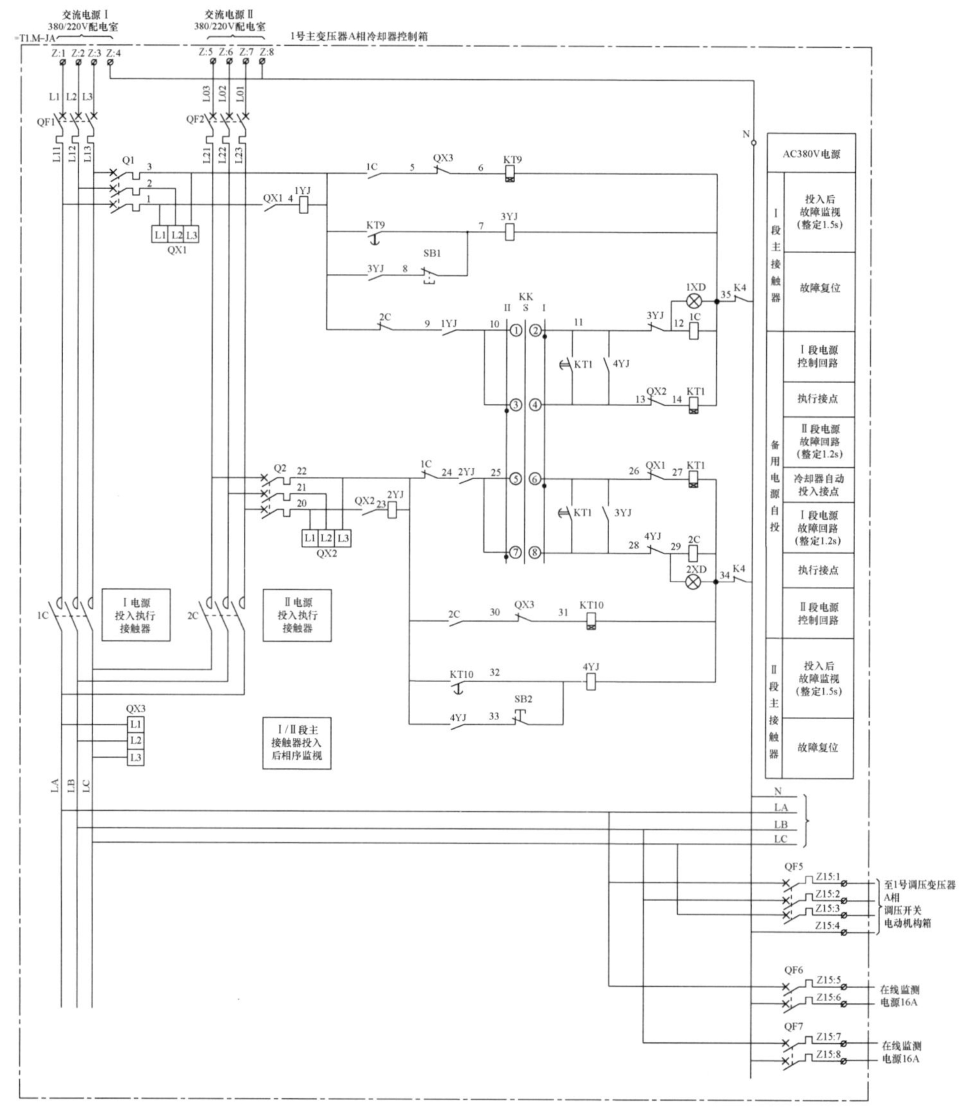

图 4－5－1　主变压器油色谱在线监测电源接线图

设计方案

现场和主变压器厂家沟通协商后，修改在线监测装置电源接线方式。因主变压器及高压并联电抗器总端子箱中交流电源均来自双电源切换，若油色谱在线监测电源从总端子箱或风冷控制回路引接，均难以避免因双电源切换导致的设备频繁启停问题。若改为仅由其中一路交流电源进线引接电源，又存在电源可靠性降低的问题。因此，改为由各相冷控箱的加热照明电源为油色谱在线监测装置供电。修改后的接线如图 4－5－2 所示。

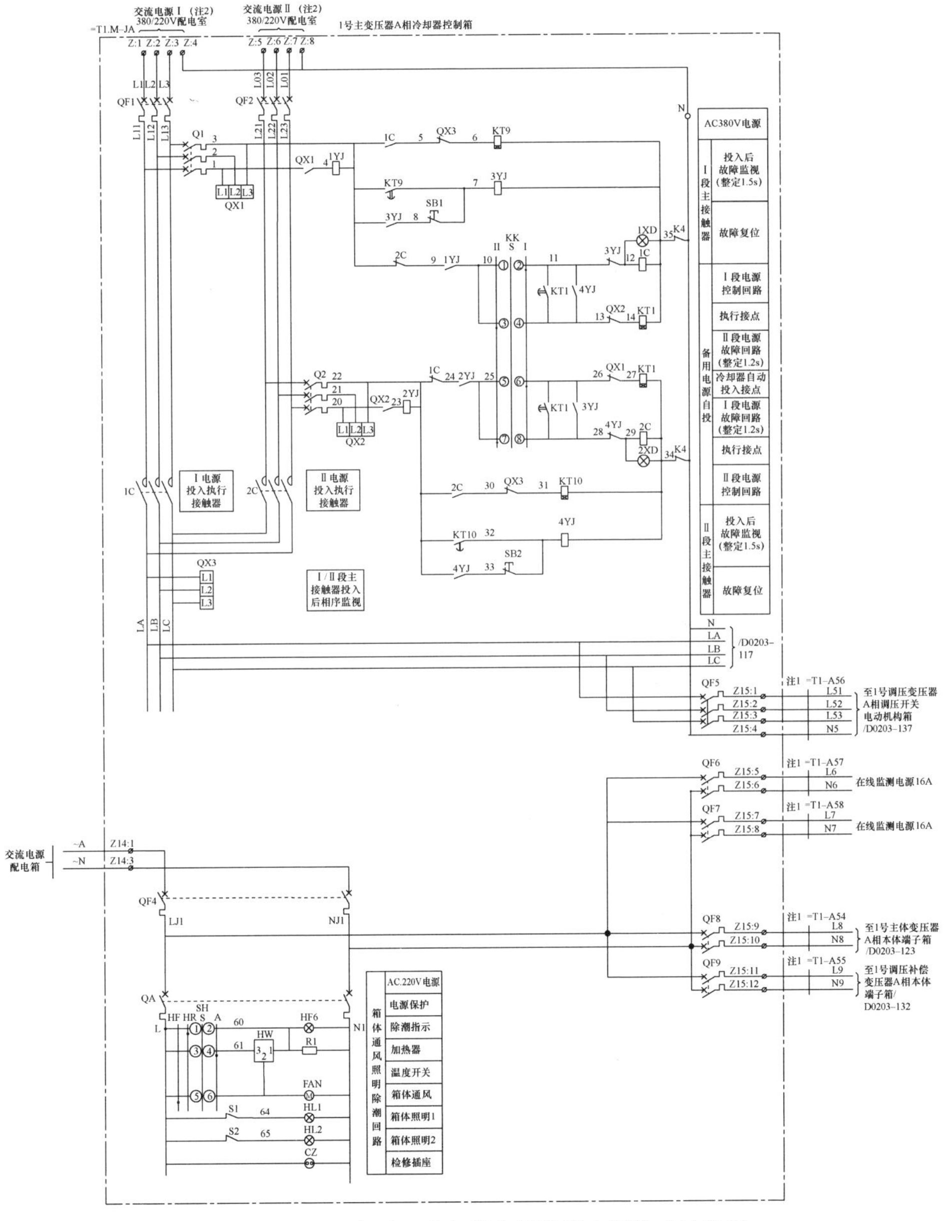

图 4－5－2　主变压器油色谱在线监测电源修改接线图

实施情况与经验体会

后续工程中，可考虑将油色谱在线监测电源与站内其他在线监测电源一起统筹设计，统一采用站内交流电源、UPS 电源或直流电源，不再由主变压器及高压并联电抗器厂家提供交流电源。

根据现有工程经验，在线监测电源以采用交流电源为主。若从就地继电器小室引接直流电源至就地设备，需考虑长电缆压降及干扰问题，故不建议采用直流电源。

若就地继电器小室内配有逆变电源装置，则可考虑从逆变电源装置单独引接在线监测装置电源。此电源可靠性较高，但需考虑逆变电源装置的容量及预留回路是否足够，每台主变压器或高压并联电抗器需增加 3 根长电源电缆。

若就地继电器小室内没有配置逆变电源，可从主变压器及高压并联电抗器交流电源配电箱内单独引接在线监测装置电源。虽然交流电源配电箱内仍为双电源切换后的电源，但相对主变压器及高压并联电抗器而言，在调试及试验阶段投切电源次数较少，不容易造成在线监测装置频繁启停以致损坏。

综上所述，最优方案为采用继电器小室内的逆变电源，其次为主变压器及高压并联电抗器交流电源配电箱内的交流电源。后续工程中，设计院可根据现场实际情况，并结合运行单位的要求酌情考虑该电源设计。

案例六　蓄电池室增加可燃气体探测问题

《电力设备典型消防规程》（DL 5027—2015）中增加了关于蓄电池室配置可燃气体探测器的要求。本案例以 H 1000kV 变电站为例，根据规程最新要求，提出了变电站蓄电池室可燃气体探测器配置方案，为后续工程提供参考。

基本情况

H 1000kV 变电站配置 2 套 220V 800Ah 站用直流电源系统和 1 套 48V 500Ah 通信直流电源系统。每套直流电源系统配置 2 组阀控式铅酸蓄电池组，分别布置在各自的蓄电池室内。其中，1 号蓄电池室设置于 1 号 1000kV 继电器小室旁，面积为 50.22m^2；2 号蓄电池室设置于 1 号 500kV 继电器小室旁，面积为 50.22m^2；

通信蓄电池室设置于主控楼二层，面积为 42.75m²。以上 3 个蓄电池室均需考虑可燃气探测问题。

研究分析过程

《电力设备典型消防规程》（DL 5027—2015）中 13.7.4 条规定：地上变电站蓄电池室应装设防爆感烟和可燃气体探测器。

《火灾自动报警系统设计规范》（GB 50116—2013）中 8.1.2 条规定：可燃气体探测报警系统应独立组成，可燃气体探测器不应接入火灾报警控制器的探测器回路。

根据上述规程规范的要求，H 1000kV 变电站在实施过程中，向厂家收集了可燃气体探测报警系统的技术参数、安装方式、设备费用等资料，由施工单位采购并安装了一套独立的可燃气体探测报警系统。

可燃气体探测报警系统由可燃气体报警控制器、可燃气体探测器和声光报警器组成，当保护区域内泄漏可燃气体的浓度达到报警值时发出报警，从而预防由可燃气体泄漏引起的火灾和爆炸事故发生。其中，可燃气体报警控制器能够为可燃气体探测器提供电源，并接收来自可燃气体探测器的报警信号。蓄电池室的可燃气体主要为氢气，由于蓄电池室空间相对封闭，一旦发生泄漏，氢气向上聚集不易扩散。根据以上特点，蓄电池室的可燃气体探测器应选用可检测氢气的催化燃烧型、电化学型、热传导型或半导体型检探测器。可燃气体探测报警系统的设计可参考《石油化工可燃气体和有毒气体检测报警设计规范》（GB 50493—2015）。

设计方案

H 1000kV 变电站设置独立的可燃气体探测报警系统一套，由可燃气体报警控制器和可燃气体探测器组成。可燃气体探测报警系统向火灾报警系统发送报警信号。可燃气体探测报警系统如图 4-6-1 所示。

可燃气体报警控制器布置在主控制室，挂墙安装。控制器电源由站内 UPS 电源系统提供，并向探测器提供 24V 直流电源。控制器接收来自探测器的 4～20mA 信号，当探测到可燃气体浓度达到报警值时，向火灾报警系统发送报警信号。可燃气体探测器分别布置在 1 号蓄电池室、2 号蓄电池室和通信蓄电池室，每个蓄电池室布置 2 台探测器，吸顶安装。探测器将监测到的气体浓度转换成 4～20mA 电信号通过电缆传输至控制器。

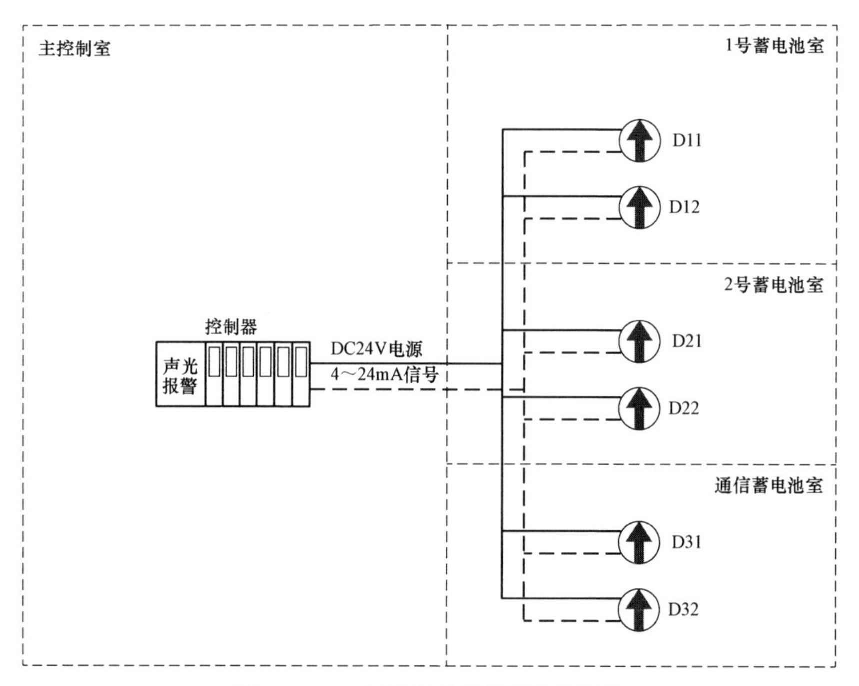

图 4－6－1 可燃气体探测报警系统图

实施情况与经验体会

我国蓄电池技术发展日新月异，工程中已很少采用普通酸性蓄电池，而是采用阀控式密封铅酸蓄电池。理论上讲阀控式密封铅酸蓄电池不会产生氢气等有爆炸性危险的气体，发生爆炸的概率较小。但由于设备工艺原因，仍存在因局部泄漏氢气而引发火灾和爆炸的隐患，因此设置可燃气体探测报警系统可提前报警蓄电池室可燃气体浓度，从而预防火灾和爆炸事故的发生。

由于 H 1000kV 变电站投运时间较短，仍需进一步跟踪和调查变电站运行情况，建议后续工程根据 H 1000kV 变电站的运行情况，优化可燃气体探测报警系统的配置。

案例七　直流分电屏设置问题

特高压交流变电站建设规模及占地较大，一般设置 2 套直流电源系统，根据总平面布置，分别为不同设备供电。2 套直流系统的直流主屏、充电机屏等一般布置在配电装置区的继电器小室内。通常布置有直流系统主屏的小室不再单独设置直流分电屏。本案例主要针对 M 1000kV 变电站运行单位提出的在已有直流主屏的继电器小室单独设置直流分电屏的要求，通过分析研究和方案对比，提出直流分电屏设计的优化方案。

基本情况

M 1000kV 变电站配置 2 套 220V 800Ah 站用直流电源系统，分别布置在 1000kV 第一继电器小室和 500kV 第二继电器小室。每套直流系统的直流主屏、充电机屏等设备分别布置在 1000kV 第一继电器小室和 500kV 第二继电器小室。1000kV 第一继电器小室和 500kV 第二继电器小室内不再设置单独的直流分电屏，其小室内的直流负荷直接由相应小室的 2 面直流主馈线屏供电。

投运前现场验收时，检修公司依据《国家电网公司十八项电网重大反事故措施》（修订版）的 5.1.1.11 条，直流系统对负载供电，应按电压等级设置分电屏，提出设计未在 1000kV 第一继电器小室和 500kV 第二继电器小室设置单独的直流分电屏，不符合反措要求。

研究分析过程

《电力工程直流电源系统设计技术规程》（DL/T 5044—2014）第 3.6.1 条：“直流网络宜采用集中辐射形供电方式或分层辐射形供电方式”；第 3.6.4 条：“分层辐射形供电网络应根据用电负荷和设备布置情况，合理设置直流分电柜。”

根据该规程，本工程的直流网络采用集中辐射供电方式和分层辐射供电方式。2 套直流电源系统分别布置在 1000kV 第一继电器小室和 500kV 第二继电器小室内，该小室的直流负荷采用由直流主屏集中辐射供电方式，因此没有设置直流分电屏。

如果在同一继电器小室内既设直流主馈线屏又设直流分电屏，则会因为分电屏紧邻主屏，存在直流主、分电屏短路电流接近，直流上、下级开关之间级差配合困难的情况。为避免越级跳闸，往往需要将上级直流主屏开关设定延时以保证与下级直流分电屏级差配合，这样就存在直流主母线发生短路，而主屏开关延时动作，不能瞬时切断故障电流的可能性。因此直流负荷与直流主屏在同一房间仍然设置直流分电屏的方式，是存在安全隐患的。

如果本小室不设置直流分电屏，直流负荷直接由直流主馈线屏供电，当该小室内直流负荷或直流电缆故障时，应由直流负荷和直流主馈线屏上的直流空开跳闸。若直流负荷和直流主馈线屏上的直流空开均发生拒动故障，则会造成上一级保护即蓄电池出口熔断器动作，从而影响整个直流主屏供电的可靠性。因此已有直流主馈线屏的继电器小室不再单独设置直流分电屏的方式，也是存在安全隐患的。

设计方案

考虑到临近送电修改时间不足，且在同一继电器小室增设直流分电屏也存在安全隐患，目前，已投运的 M 站 1000kV 第一继电器小室和 500kV 第二继电器小室仍采用由直流主屏直接馈电，不设置单独的直流分电屏的方案。

实施情况与经验体会

目前设计的特高压交流变电站均采用继电器小室不设置直流分电屏，直流负荷直接由直流主馈线屏供电的设计方式。由于此设计方案的确存在一定的安全隐患，建议在以后的特高压工程中可采用以下两种解决方案：

（1）方案一：不设置单独的直流分电屏，但是将该小室的直流负荷相对集中在同一面直流主屏中，至其他直流分电屏的大负荷单独设置一面直流主屏。

（2）方案二：设置单独的直流分电屏，但是直流主屏至同一小室直流分电屏的电缆需在室外电缆沟中绕行，人为增加电缆长度，以区别直流主屏和直流分电屏母线故障时的短路电流。

土 建 篇

特高压变电站工程设计中，土建专业是基础性的重要环节。变电土建专业结合工程规模、功能要求、自然条件等因素，根据电气布置、进出线型式、消防、环保、节能等要求开展设计，设计内容主要涵盖了变电站总图、建筑、结构、水工、暖通等相关专业。变电土建专业在配合电气专业的基础上，应提出安全、经济、可行的特高压变电站设计方案。

本篇在以往特高压工程中挑选了十六个具有代表性的案例，涉及场平处理、站区外设施影响、道路高边坡设计、建筑防风沙设计、绿色建筑设计、特高压 GIS 厂房设计、构支架及基础设计、地基处理、基坑支护设计等方面。通过分析典型案例，为土建专业设计人员解决特高压工程实际问题提供新方案和新思路。

案例一　较大高差站址场平处理

在特高压站址中，场平处理方案与工程进度、投资控制关系十分密切。本案例针对场地高差较大的情况，提出了站址场平处理方案，填方区采用强夯、机械碾压并用的处理方式，为后续类似情况的工程建设提供了参考依据。

基本情况

E 1000kV 变电站工程站址区域地貌为构造低山剥蚀丘陵区，由丘陵和沟壑、冲沟组成，地势起伏较大，最大高差为 42.8m，场地竖向布置采用缓坡式方案，土方自平衡，站区整平标高约为 68.6m，站内最大填方高度为 31m，最大挖方深度为 22m，分布极不规则，总填方面积为 74600m^2。

站址区第四系地层为黏性土及碎石及全风化粉砂岩，下伏强风化、中等风化粉砂岩。测区岩性以强风化及中等风化的粉砂岩为主，从地质剖面图看：位于沟壑、冲沟等丘陵底部区域上覆土层较厚，厚度一般为 1.0～4.5m；其他区域上覆土层较厚很薄，一般不大于 0.5m；站址区及附近未见对工程安全有影响的滑坡、泥石流及采空区等不良地质作用。

研究分析过程

变电站建（构）筑物基础具有布置分散、对地基沉降量要求严格的特殊性，超出限制的沉降差可导致设备损坏、变电站停运等严重事故。考虑到站区回填区域面积广、填方深度大，应选择工程造价合理的场平处理方案。

对于碎石含量较高的填土场地，通常有分层机械碾压和强夯两种处理方案。

分层机械碾压后场地均匀密实，技术成熟，最为简单、经济，但受施工季节、工期及施工单位机械能力限制较多，施工工期长，一般多用于回填深度较浅区域。

强夯具有施工速度快，处理面积大等优点，但密实度不均匀，适用于粒径不均匀、大块石较多的回填土。

站址区域地基土主要为风化程度不一的粉砂岩，沟壑、冲沟表面上覆较厚的粉质黏土及碎石。其中强风化岩厚度平均厚度约为 2.8m，粉质黏土平均厚度约为 0.6m，沟壑底部沉积的粉质黏土及碎石层最大厚度可达 4.5m。

为加快施工工期、降低工程造价、保证结构安全，并结合工程特点、地质条件、岩层特性及工程造价，本工程填方区采用强夯、分层机械碾压并用的处理方式。

设计方案

站区填方深度不大于 4m，距围墙挡墙周围的区域采用分层机械碾压，高填方区采用强夯置换及强夯法加固地基；对不均匀沉降较敏感的 1100kV GIS、高压并联电抗器、主变压器等设备位于填方区时采用钻孔灌注桩加固。根据工程布置特点，采用分层机械碾压后场地地基土压实系数应不小于 0.97，地基承载力特征值不小于 180kPa，强夯后的地基土压缩模量不小于 15MPa。

对于耕植土较厚或水沟区域，需要清除耕植土或清淤至露出基岩，换填 1.5m 再强夯，强夯后设置排水盲沟，用以排除地表水。冲沟下面两层分层厚度调整为 3m，采用中间强夯、周边强夯置换结合进行。单击夯击能 3000kN • m，夯点间距为 2.2m，正方形布置，最后两击平均夯沉量小于 5cm。点夯完成后场地推平，满夯一遍。置换石料就地取材，采用场地内开采的坚硬石料。压实处理地基进行静载荷试验、超重型动力触探、瑞利波检测等试验，为保证施工质量提供数据支持。

深填方区地表设计标高为－3.0m 以下采用分层强夯处理，分层厚度为 4m，单击夯击能不小于 5000kN •m。夯点间距有两种：一种是正方形布置间距为 4.2m；另一种是正三角形布置间距为 5m。点夯完成后，以单击夯击能 2000kN • m 满夯一遍，每遍 4 击。回填土处理后，进行超重型动力触探试验及固体体积率试验检测，强夯最上层土增加静载荷试验。

回填土前做好碾压试验，确定填筑物参数，控制填筑层厚、碾压遍数、洒水量、铺料方法、碾压遍数和行车速度等，填料应逐层水平填筑，分片、分层机械碾压，自行式振动碾压，加筋土范围或周边区采用小型机械摊铺和碾压，机械碾压不到的场地应采用人工补夯。

碾压和强夯的分层厚度、力能参数必须由现场试验确定。为保证碾压和强夯达到要求，核实填土地基实际参数，应对回填土（6m 左右高程）进行超重型动触探试验、固体体积率及静载荷试验。

实施情况与经验体会

经实测，地基承载力、变形模量满足设计要求，处理后的场地一年内最大沉降 15mm 以内，并趋于稳定。场地处理方案取得了良好的效果，不仅降低工程造价，还大大地缩减了施工工期，其成功经验为后续工程提供了良好的指导性作用。

后期检测十分重要，施工单位对不合格的试验点进行了补夯，满足工程建设需要。

案例二　站外山塘处理方案

D 1000kV 变电站，站址上游存在一个不稳定山塘。可能发生山塘坝体坍塌，给下游变电站安全性带来较大影响。本案例在设计过程中，通过考虑站址安全性、建设经济性及对当地居民影响等因素，采用移除上游山塘的方案提高了变电站的安全可靠性。

基本情况

D 1000kV 变电站站址南侧约 200m 为水阁溪，站址东北角的山沟上游存在一个山塘，山塘距离变电站仅 70m。

山塘的库容为 2.5 万 m^3，周围坝体为土坝。该山塘位于变电站站址东北角，处于变电站上游，坝底标高高出变电站最终设计标高约 13m，且站址占用了山塘大部分的泄洪通道。因此山塘对变电站安全有很大的影响，故需对此山塘进行处理，以确保变电站安全运行。而山塘是当地农作物的灌溉用水来源，废弃山塘面临很大困难。

站址周围山塘分布情况及山景实体照片如图 5－2－1 和图 5－2－2 所示。

研究分析过程

考虑到特高压工程的重要性，为了排除山塘溃坝对变电站造成的不利影响，在可研及初设阶段设计单位均提出了将山塘废弃处理方案，使之不具备蓄水功能，并通过排洪沟将汇水区雨水排放，以最经济的方式解决山塘问题。

若废弃山塘，部分农田要改变传统灌溉方式，不符合当地的生产习惯。鉴于此，应考虑经济合理的技术措施，既确保变电站的安全，又给农田灌溉创造条件。在初设阶段，设计补充了削减库容方案，设计原则为：通过加深拓宽溢洪道、降低水位、削减库容，并辅以相应的安全防护措施，既可以满足农田灌溉需求，也

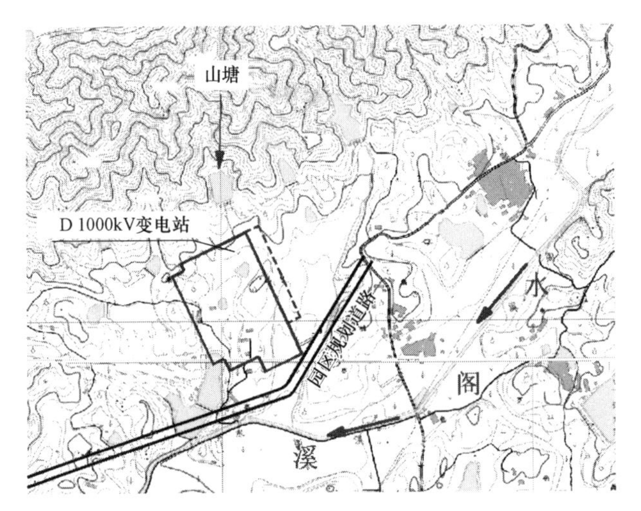

图 5－2－1　站址周围山塘分布情况

图 5－2－2　山塘实景照片

可以减少相应的防护工程量。

对于消减库容方案，设计单位分别计算了不同消减水位后的山塘库容时所需的泄洪通道和防洪墙的工程量，得出结论：对于消减不同水位库容的方案，排洪通道、山体开挖、排洪通道护砌等费用基本一致，防洪墙投资不同。防洪墙及泄洪通道示意如图 5－2－3 所示。

通过比较废除山塘与消减库容两个方案，可知消减库容方案在理论上能够通过防洪墙及泄洪方式保证变电站的安全，但由于山塘年久，塘底存在裂隙，一旦

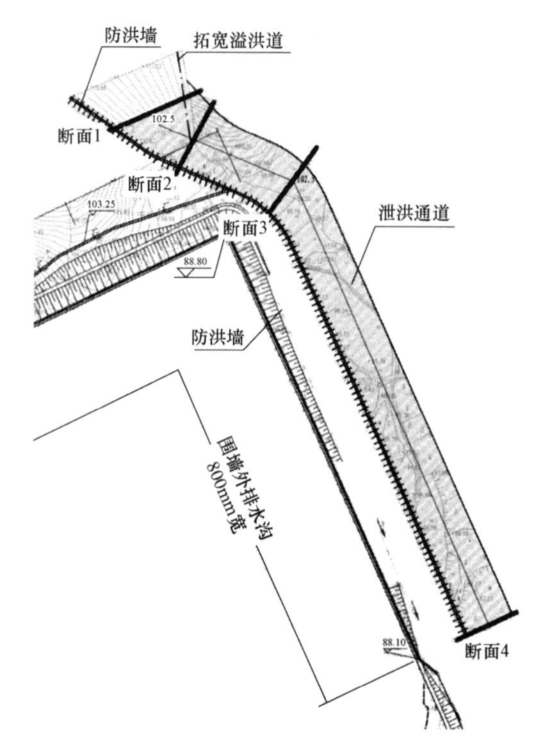

图 5-2-3 防洪墙及泄洪通道示意图

溃坝，后果难以控制。如要确保安全，需要将塘底加固，但实际难以操作。综合比较废除山塘方案与消减库容方案的优劣性见表 5-2-1。

表 5-2-1　　　　山塘处理方案比较

方案名称	废除山塘方案	消减库容方案
安全性	彻底消除上游山塘威胁	削减库存，降低安全威胁
对当地居民影响	影响当地农作物灌溉	无影响
对站内泄洪影响	设置排洪沟	需建泄洪专用通道
后续问题	需考虑山塘异地重建	需关注山塘坝体稳定情况

设计方案

为了彻底解决山塘对变电站的安全隐患，经多次讨论及论证，最终确定设计方案：维持废弃山塘方案，为满足部分农田的灌溉需求，在站址周边选择适当的位置还建水塘。

实施情况与经验体会

通过和当地政府相关部门沟通，采取废弃山塘，并承诺在合理位置还建方案。

结合 D 1000kV 变电站山塘问题的处理，在今后设计工作中应重视站址周围环境，充分考虑影响变电站周围安全稳定性的因素；与此同时，结合当地实际情况，增加设计深度，对存在的问题提出切实可行的解决方案；还要与多方密切配合，加强对可研报告站址外部条件的现场踏勘复核，避免对工程建设产生不利的影响。

案例三　进站道路高边坡设计优化

N 1000kV 开关站进站道路高差较大，进站道路边坡的稳定性直接影响变电站运行以及道路安全。本案例对进站道路高边坡采用多方案进行技术经济比较，最终采用坡率法与局部挡墙相结合的高边坡方案。

基本情况

N 1000kV 开关站进站道路全长 2km。全段按厂外四级道路设计。路基采用公路Ⅱ级。进站道路路径自然地形较为复杂，边坡挖方段总长约 932m×2（两侧），最高边坡为 24m，其中高度 10m 以下边坡长度约为 702m，高度为 10～15m 边坡长度约为 1062m，高度 15m 以上边坡长度约为 100m。

该边坡的最大高度超过了《建筑边坡工程技术规范》（GB 50330—2013）适用的岩质边坡 30m 以下（含 30m）、土质边坡高度为 15m 以下（含 15m）的建筑边坡工程以及岩石基坑边坡工程边坡的高度限定，应进行专项设计，采取有效、可靠的加强措施。

根据《公路路基设计规范》（JTG D30—2015），土质路堑边坡型式及坡率应根据工程地质条件、水文地质条件、边坡高度、排水措施、施工方法等，并结合自然稳定边坡、人工边坡的调查及力学分析确定。边坡高度不大于 20m 时，边坡坡率见表 5－3－1 规定。

表 5-3-1　　　　　　　　土质路堑边坡坡率

<table>
<tr><th colspan="2">土的类型</th><th>边坡坡率</th></tr>
<tr><td colspan="2">黏土、粉质黏土、塑性指数大于 3 的粉土</td><td>1:1</td></tr>
<tr><td colspan="2">中密以上的中砂、粗砂、砾砂</td><td>1:1.5</td></tr>
<tr><td rowspan="2">卵石、碎石土、圆砾土、角砾土</td><td>胶结和密实</td><td>1:0.75</td></tr>
<tr><td>中密</td><td>1:1</td></tr>
</table>

注：黄土、红黏土、高液限土、膨胀土等特殊土质挖方边坡形式及坡度应按《公路路基设计规范》（JTG D30—2015）中第 7 章有关规定确定。

根据边坡勘察，边坡土体大致可分为 3 层：① 粉砂，② 粉土（含大量砂）或粉砂（含大量粉粒），③ 粉土（含少量砂）。其大致分段描述见表 5-3-2。

表 5-3-2　　　　边坡地质情况分段表（按单侧长度考虑）

段号	长度（m）	① 粉砂厚度（m）	② 粉土（含大量砂）厚度（m）	③ 粉土（含少量砂）（m）	地质情况初步评判
第一段	252	8～14	未揭穿	—	极差
第二段	300	3～5	大部分孔位未揭穿	个别孔下部可见	较差
第三段	50	5	5～7	大于 3～5	较差
第四段	80	2～3	5～6	大于 7	较好
第五段	250	大于 5	—	—	差

边坡的形式和坡率除受地质条件、坡高影响外，还受到施工方法（及时开挖及时支护、逆做法）、施工期间防排水措施的影响。针对本工程高边坡，对边坡进行专项勘察设计。

研究分析过程

1. 现场勘察

本次现场踏勘中共测绘 8 个自然剖面，现场测绘剖面情况见表 5-3-3，其中一个为已经滑动过的自然剖面。其高度分布范围为 38.3～43.0m，坡度为 40.2°～42.1°。假定坡顶上部存在 7m 厚的砂土（综合重度为 16.0kN/m^3）、下部为黄土状粉土和粉土（综合重度为 17.4kN/m^3，内聚力 c = 13.3kPa），进行内摩擦角反算分析。

表 5-3-3　　现场测绘剖面情况描述

编号	分类	岩土情况	安全情况	人工扰动	安全系数
剖面 1	自然边坡	土质边坡	基本稳定	无	1.05～1.15
剖面 2	自然边坡	土质边坡	基本稳定	无	1.05～1.15
剖面 3	人工边坡	土质边坡	已滑动，目前处于极限稳定状态	有	1.0 左右
剖面 4	人工边坡	土质边坡	基本稳定	有	1.05～1.15
剖面 5	人工边坡	土质边坡	上部滑动，目前处于极限稳定状态	有	1.0 左右
剖面 6	人工边坡	土质边坡	基本稳定	有	1.05～1.15
剖面 7	自然边坡	土质边坡	基本稳定	无	1.10～1.20
剖面 8	自然滑坡	土质边坡	已滑动，目前处于极限稳定状态	有	1.0 左右

在此基础上，对 5、10、15、20m 高度边坡建议见表 5-3-4。

表 5-3-4　　不同高度边坡建议

边坡高度（m）	水平距离建议值（m）	
	上部	下部
5	6.5	
10	9.5	1
15	9.5	5.5
20	9.5	12.0

控制边坡总体坡率的为上面的砂土层，但当边坡高度变大时其总坡率不一定会增大，因为下部的黄土状粉土和粉土抗剪强度较高。

虽然边坡开挖高度不大，但都出现了一些变形破坏痕迹，其变形破坏主要位于边坡凸形部位和局部高度较大部位，边坡变形一般以浅层变形位置（集中在坡面以下 2～3m 的范围内），边坡多发生小型崩滑。

（1）从区域来看，边坡所处区域地质情况较好，自然坡面在未受到扰动的情况下自稳性能较好，40m 高的自然边坡在 40° 的坡度下，边坡处于基本稳定状态。

（2）人工扰动后边坡土体物理力学参数会急剧降低，易发生浅层变形，施工中应注意临时边坡的防护（在坡面防护措施未实施前），考虑到该地区冬季雨雪天气较多，施工中应采取有效措施防止雨雪在坡面及坡体后缘堆积浸入坡体，以免引起冬季冻胀和春季冻融对边坡的不利影响。

（3）考虑到边坡上部存在一定厚度的砂土，对砂土部分边坡放坡坡比可适当放缓；下部黄土状粉土和粉土物理力学性质较好，其坡比可适当放陡。

（4）从节约用地角度考虑，边坡总体坡率的选择应进行优化，必要时可在坡脚设置 4～6m 高挡土墙以减少边坡占地面积。

2. 选型研究

根据边坡勘察成果，考虑到现场实际情况（控制用地和节约成本），按照技术先进、安全可靠、经济合理、确保质量和保护环境的原则，本工程进行了边坡治理措施的初步选型研究。

保障边坡结构稳定的措施或支挡结构通常包括坡率法、重力式挡土墙、悬臂式/扶壁式挡土墙、加筋土挡土墙、锚杆（索）及锚杆（索）挡土墙、土钉墙、桩板式挡土墙等。

坡率法是一种比较经济、施工方便的人工边坡处理方法，适用于一般的、简单不受场地限制的岩土边坡（非滑坡）。可与坡脚堆载、锚固措施、支挡结构联合应用，形成组合边坡。当工程条件许可时，应优先采用坡率法。

支挡结构的适用高度和边坡类型见表 5－3－5。

表 5－3－5　　支挡结构的适用高度和边坡类型

支挡结构类型	适用高度	适用边坡类型 （填方边坡/挖方边坡）
重力式挡土墙	土质边坡高度不宜大于 8m，岩质边坡高度不宜大于 10m	适用于填方边坡和挖方边坡
悬臂式/扶壁式挡土墙	6m 以内采用悬臂式； 6～10m 的采用扶壁式	适用于石料缺乏、地基承载力较低的填方边坡
加筋土挡土墙	一般高度为 5～20m	适用于填方边坡
锚杆（索）及锚杆（索）挡土墙	预制柱板式锚杆挡土墙每级高度不宜大于 8m，总高度不宜大于 18m	高度较大的新填方边坡不宜采用锚杆挡墙方案
土钉墙	高度一般不超过 15m	一般适合地下水位以上或经过排降水措施后的杂填土（填方边坡）和普通黏性土、非松散砂土边坡（挖方边坡）
桩板式挡土墙	抗滑桩桩长宜小于 35m，抗滑桩在滑带埋深宜小于 25m，其悬臂长度可达 15m 左右	适用于一般地区的土质填方边坡，以及需要直立削坡的土质挖方边坡

经综合比选，在征地不受限制情况下可考虑采用以坡率法为主的边坡治理措施；在不考虑扩大征地面积时可考虑采用根据各段高度、地质条件等分别采用重

力式挡土墙、悬臂式/扶壁式挡土墙、桩板式挡土墙等支护措施。

3. 边坡治理方案

根据边坡治理措施的初步选型研究结果，拟采用如下 2 种方案。

（1）方案一：对①粉砂可考虑采用 1:35～1:1.5 的坡率进行放坡；对②粉土（含大量砂）可考虑采用 1:1～1:1.2 的坡率进行放坡；对③粉土（含少量砂）可考虑采用 1:0.5～1:0.75 的坡率进行放坡；每级放坡最大高度不超过 10m，两级放坡中间设置 1.5m 宽的平台；坡面采用坡面防护措施和植草绿化措施，并设置截排水措施。

考虑到部分地段存在输电线路等设施，且距离边坡较近，局部考虑采用挡墙，长度约为 130m（仅单侧需要设置挡土墙）。

（2）方案二：对边坡根据地质情况分段表采用不同的支护措施，见表 5－3－6。

表 5－3－6　　边坡地质情况分段表

段号	长度（m）	支护措施	支护高度（m）	支护措施以上放坡高度（m）
第一段西侧	72＋180	桩板式挡土墙或悬臂式/扶壁式挡土墙*	10	5～14
第一段东侧	252	施工单位自行削坡		
第二段	300×2	重力式挡墙	6	4～9
第三段及第五段部分	50×2＋30×2	悬臂式/扶壁式挡土墙*	8～10	5～7
第四段	80×2	重力式挡墙	6	4～9
第五段大部分	220×2	重力式挡墙	2～4	

注：1. 以上支护措施的支护高度不包含 2m 深的埋深。

2. 表中有*的表示为需要进行进一步详细设计。

坡面采用坡面防护措施和植草绿化措施，并设置截排水措施。

对方案一、方案二进行比较，结果见表 5－3－7。

表 5－3－7　　边坡治理方案比较

项目	方案一	方案二
额外需要占地的面积（m^2）	11000	600
边坡治理费用估算（万元）	基准＋130	基准＋1890
施工难度	较容易	难，需要专业有资质单位
设计难度	较容易	难

注：表中“基准”是考虑放坡后增加的费用以土方、护面、排水工程为主，相对支挡结构而言费用不大，故不再估算，而以“基准”代替。

设计方案

1. 边坡优化设计

在控制征地的前提下优选采用经济适用的边坡治理方案，据此对边坡进行了全面的优化设计。

（1）精细区段划分，将整个边坡按高度、位置（道路左右侧）、边界条件、岩土工程条件进行了细分，细分完成后将边坡划分为 8 大类、16 小类。

（2）各区段的方案优化，对划分出来的区段采用针对性的治理措施，对刀背梁地形段采用坡顶削平到合理高度，针对性提出不同区段的削方坡比（1:1、1:1.2、1:1.35、1:1.4、1:2），根据需要在区段内设置不同高度的挡土墙等。

（3）综合治理，以削方减载、挡土墙支护结合坡面防护、截排水措施的综合治理方案保证了边坡的长期稳定性。

（4）各区段衔接有序，本工程边坡分段多、变化快，通过详细设计保障了各区段的衔接有序、美观大方。

（5）检修及便利设施设计，专门设计了边坡坡面人行便道及挡墙简易扶梯，便于检修和人员临时通行。

2. 边坡设计方案

结合土质，根据不同高度边坡设计了边坡坡率，挖方边坡坡率为 1:1～1:1.4 不等。当边坡高度大于 8m 需要设置马道，马道宽为 1.5m，边坡坡顶以及马道均设置截水沟以及跌水沟。当坡顶有建构筑物及征地困难段，采用挡墙加放坡的型式以减少征地面积。

典型设计剖面图如图 5－3－1～图 5－3－3 所示。

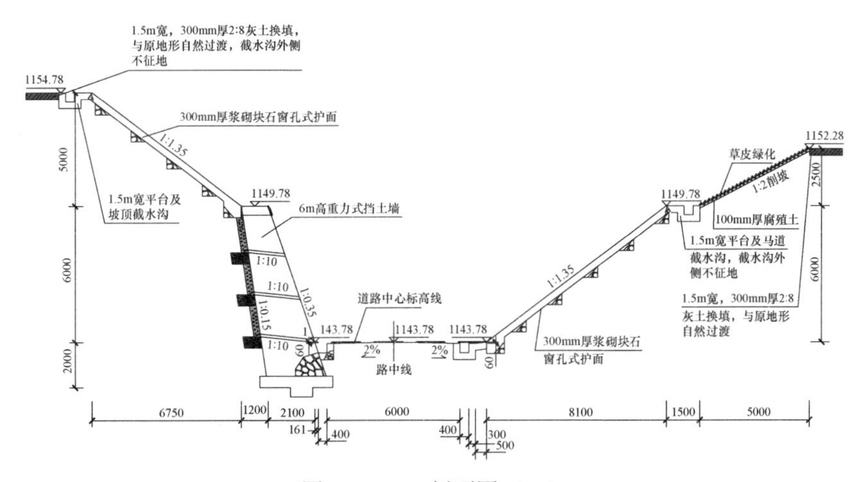

图 5－3－1　剖面图（一）

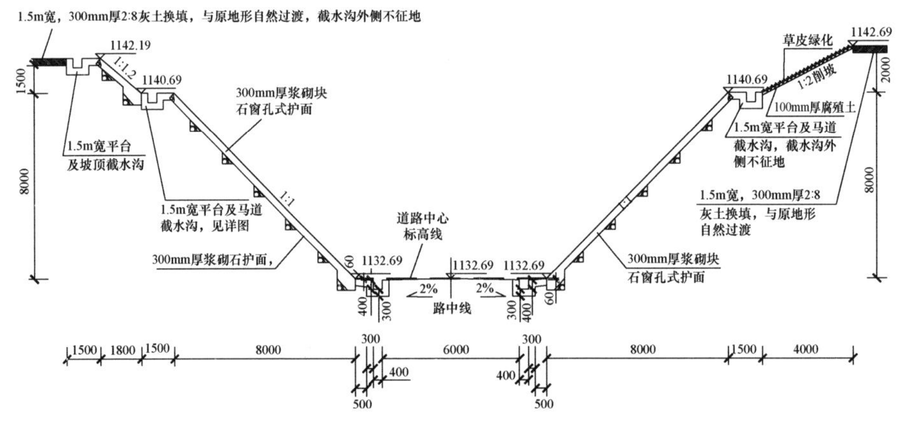

图 5-3-2 剖面图（二）

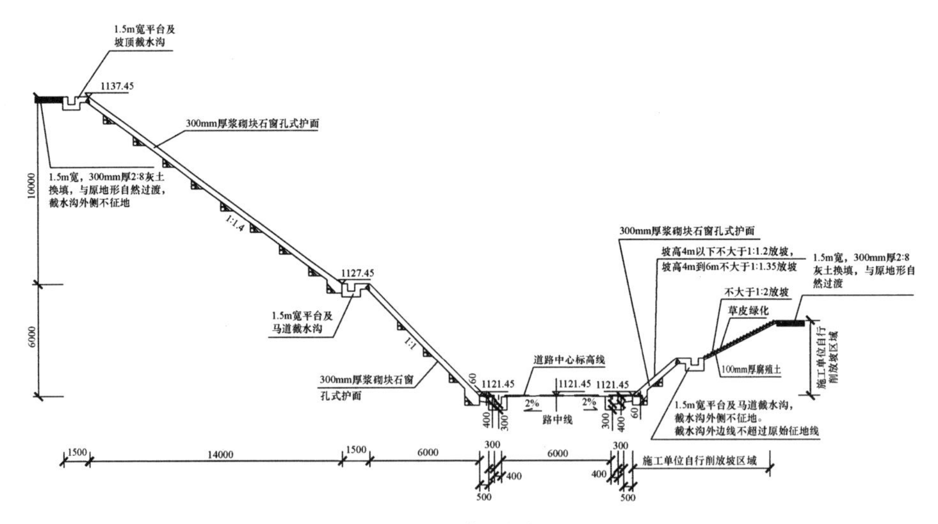

图 5-3-3 剖面图（三）

实施情况与经验体会

通过优化设计和现场施工，达到了预期效果，边坡的综合治理起到了安全、美观、生态保护的作用。

结合本次进站道路高边坡，应对于高于 8m 的边坡设计予以充分重视，针对边坡进行必要的岩土勘察，同时结合征地情况，仔细分析并进行综合经济比较，提出合理的边坡方案。

案例四　1100kV GIS 钢结构厂房设计

根据工艺要求，1100kV GIS 采用户内布置。本案例针对 1100kV GIS 厂房采用的钢排架结构设计进行介绍说明，对其他 GIS 户内布置的工程具有借鉴意义。

基本情况

C 1000kV 变电站地处严寒地区，站址区多年平均气温为 2.3℃，极端最低气温为 −39.8℃，100 年一遇离地 10m 高的 10min 平均最大风速为 31m/s，土壤标准冻结深度达 2.20m，属季节冻土，地基土冻胀类别为不冻胀。地震动峰值加速度为 0.05g，相当地震基本烈度值为Ⅵ度。1000kV 配电装置室采用一字形布置，地上全户内方案，采用钢排架结构；室内布置桥式吊车，满足检修维护要求，冬季采暖采用电暖气。

研究分析过程

1000kV 配电装置室采用地上全户内方案，主母线布置在建筑物外，建筑物室内设桥式起重机，用于设备的安装和检修。在满足配电装置布置的前提下，留有检修、维护通道，优化确定了厂房的纵横尺寸。尽量减小建筑物跨度、减小建筑物体积，进而减小建筑物电采暖负荷，降低建设工程投资和运维成本。

设计方案

建筑物设计综合考虑设备的运输、安装、维护及扩建等因素，降低工程造价，优化平面尺寸和空间设计。由于受室内进出线分支母线限制，无法满足运输车辆室内全长通行，故配电装置室内暂不考虑设置全长的专用运输通道，仅考虑巡视及必要的检修、维护通道。室外 1000kV GIS 套管吊装常规户外布置方案，由汽车吊进行吊装。为满足运输设备车辆可直接进入 GIS 室内，结合总平面布置及便于远期扩建，GIS 室本期、远期考虑在两侧端部各设置 1 个运输门，运输设备车辆由主变压器运输道路直接驶入 GIS 室端部检修场地，室内行车可对车辆上的设备单元直接进行吊装。根据设备单元的外形尺寸及运输车辆的转弯要求，运输门宽为 5.5m，高为 7.0m。

配电装置室采用装配式钢结构厂房。本期建筑轴线尺寸为 30m×175m（宽×长），远期 30m×473m（宽×长），主体结构为 H 型钢柱排架结构，围护结构采用压型钢板复合保温墙体，屋面采用安装、制造简单的实腹钢梁、压型钢板保温屋面，分支母线上部设置雨篷，避免寒冷天气檐口形成的冰锥掉落后损坏母线筒。

实施情况与经验体会

1100kV GIS 配电装置设备布置在室内，套管部分放置于户外，减小了建筑面积，采暖负荷相应减小。

配电装置室采用装配式钢结构厂房，方便远期扩建，更适合房间大跨度的要求，钢结构具有重量轻、延性好、强度高的特点，大大改善结构的受力性能和抗震性。减小了房屋自重，从而降低了基础工程造价；工业化程度高，施工周期短，符合建筑节能发展方向。用钢材作框架，保温墙板作围护结构，替代了黏土砖，减少了水泥、砂、石、石灰的用量，减轻了对不可再生资源的破坏。现场湿法施工减少，施工环境较好。同时，钢材可以回收再利用，建造和拆除时对环境污染小，其节能指标可达 50%以上，属于绿色环保建筑体系。

案例五　建筑物防风沙设计

大风沙天气对建筑物、电气设备等均有较大影响，威胁工程的安全运行。本案例以 N 1000kV 变电站为例，针对建筑物防风沙问题，采用加设门斗、控制门窗质量，针对风沙气候进行门窗选型、加强洞口收边及变形缝处理等手段改善风沙对建筑的影响。

基本情况

N 1000kV 开关站站址所在区域属温带大陆性季风干旱半干旱草原气候，冬季受强大的蒙古冷高气压控制，夏季受大陆低气压影响，气压系统有着明显的季节性变化。工程所在地 100 年一遇离地 10m 高 10min 平均最大风速为 29.6m/s。根据气象资料，当地扬沙现象较多，且多有出现沙尘暴的可能。

研究分析过程

大风沙天气对建筑物、电气设备等均有较大影响。风沙会影响运行人员的生活质量，缩短建筑构件的使用寿命，增加建筑维护成本。

根据气候特点，对全站建筑物防风沙设计进行了研究，主要针对建筑门窗设置、质量要求、选型、开启面积及方向、洞口收边，以及建筑外围护结构的薄弱点进行构造细节处理；特别是建筑外墙洞口的收边、板的搭接、变形缝的处理、外板端部泡沫堵头应用、勒脚收边等细节处理；保证建筑材料技术性能，加强现场施工质量及隐蔽工程的验收。

设计方案

结合N 1000kV开关站实际环境条件，针对大风沙天气对建筑物的不利影响，并结合部分相似环境条件下换流站、变电站的实际设计、施工、运行经验，最终形成了适应本工程环境条件的防风沙措施。

（1）建筑物入口处增加防风沙门斗。门斗是进入建筑物内部空间的过渡区域，既可起到保温作用又可阻挡风沙的侵入，由于变电站内主控通信楼、继电器室的二次设备屏柜很多，洁净要求高，所以防风沙设计必不可少，因此本工程在外门内增加门斗并选用密闭性能高的户外门。

（2）针对气候特点进行门窗选型。以往变电站中备品备件库、车库大门常采用卷帘门或推拉门，这两种大门都存在离墙面及地面缝隙大、密闭性差等问题，不适用于多风沙地区。结合本站当地气候条件，将备品备件库及车库大门设计为钢制平开折叠门，门下设置密封条，开启方便、密闭性好，可以弥补卷帘门上不好开小门的不足。

（3）控制门窗的开启方向和开启面积。大风沙地区，建筑物保温及防风沙是建筑节能设计的重点，而建筑物的开窗部位又是建筑节能的最薄弱环节，因此将全站建筑物外墙窗设计为断桥铝合金双层窗，外侧外开内侧内开。窗框设置密封垫，使得空气渗透率大大降低，避免风沙吹入窗框内槽进入室内，保温与防风沙性能得以保证，并控制可开启扇数量及面积，满足换气面积即可。

（4）控制门窗质量。全站外墙的建筑门窗应满足规范《建筑门窗防沙尘性能分级及检测方法》（GB/T 29737—2013）的要求。

（5）控制门窗的数量。主控通信楼内二次设备间、通信机房、主控室与各电压等级继电器室等有电气盘柜的房间，外墙应少开窗。窗应设为固定中空断桥铝合金节能窗，如有屏蔽要求，应设为钢制屏蔽窗。

（6）加强洞口收边及变形缝处理。门窗框与洞口墙体的安装间隙应有防水密封处理。出屋面洞口及屋面、墙面、楼面的变形缝应选用同一系列产品，保证各部位装置的衔接构造相容统一，选用的密封材料应能承受接缝位移。

（7）屋面檐口及天沟防风构造。备品备件库屋面设计为复合压型钢板保温屋面，考虑到大风对屋面的影响，减小屋面檩条间距，在屋脊、檐口部位加密檩条，从而增加屋面板与檩条的固定点，减小大风掀起屋面的风险。考虑站址所处环境风沙较大，全站建筑不设置外挑屋檐及天沟。

（8）屋面雨水落水管设置清沙口。本站地处西北寒冷地区，屋面排水方式采用有组织内排水系统，能有效避免因雨雪冻融使排水立管冻裂或雨水口堵塞造成的雨水渗漏及积水现象。屋面雨水落水管在离地 1m 高处设清沙口防止堵塞并在建筑物周边设沉沙井，防止因沙尘堆积堵塞屋面落水管，从而造成屋面排水不畅等现象。

（9）单体建筑物空调和通风口防风沙：

1）继电器室、配电室、蓄电池室的排风口、进风口、空调室外机位置考虑避免主导风向。

2）对单体建筑物的进风口、排风口处均给出要求，明确百叶窗材质、密封条、边框等。

3）以往工程百叶窗密封不严实，主要是边框和百叶之间缝隙较大。

本工程针对百叶窗密封不严做了改进措施：一是对百叶窗产品提出优化要求，在边框和百叶之间增加密封条；二是百叶窗的安装方法改进，改进方法如图 5－5－1 所示，改进后可以避免沙尘从叶边缝隙进入室内。

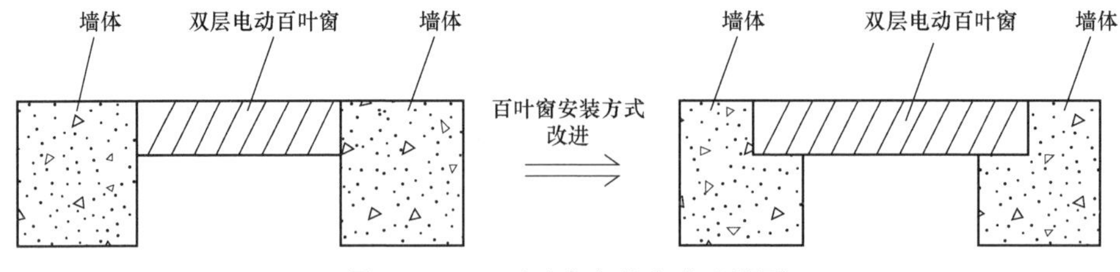

图 5－5－1　百叶窗安装方式改进图

（10）通风系统进排风口防沙改进措施。配电室、蓄电池室等电气设备间通风方式为下部设置双层百叶窗进风，上部轴流风机排风，同时轴流风机外设置双层电动百叶窗，电动百叶窗和轴流风机联动，风机开启时百叶窗开启，风机关闭时百叶窗关闭。双层电动/手动百叶窗外设置 6 目不锈钢钢丝网，密闭严实，相比自垂防雨百叶窗，可以有效地防止沙尘、雨水和小动物进入室内。

实施情况与经验体会

建筑防风沙设计重点在于处理好建筑薄弱环节，即门、窗、洞口、屋面檐口、雨水口等细节部位，设计加强措施与施工质量都至关重要，处理好以上细节可有效改善由于大风沙气候所造成的建筑物使用寿命缩短、建筑物理环境受损、建筑使用功能舒适度下降等问题。

案例六　主控通信楼绿色建筑设计

特高压变电站工程作为重要的公共基础设施，在考虑建设成本的同时，也应考虑社会成本和远期运营成本。顺应社会和行业发展，绿色建筑的设计理念和策略逐步获得各界认可。本案例通过对 N 1000kV 开关站的分析，采用有效的环保措施，获得可观的绿色效益。

基本情况

N 1000kV 开关站主控通信楼为三层钢筋混凝土结构建筑，总建筑面积为 1729 m^2。主控通信楼一层布置门厅、配电室、蓄电池室、通信机房、餐厅等；二层布置主控室、计算机室、办公室、会议室等；三层布置电视电话会议室、活动室、值班室等。

研究分析过程

绿色建筑是在全寿命期内，最大限度地节约资源（节能、节地、节水、节材）、保护环境、减少污染，为人们提供健康、适用和高效的使用空间，与自然和谐共生的建筑。

2006 年，建设部正式颁布了《绿色建筑评价标准》（GB/T 50378—2014）。2013 年 1 月 6 日，国务院发布了《国务院办公厅关于转发发展改革委、住房城乡建设部绿色建筑行动方案的通知》（国办发〔2013〕1 号），提出“十二五”期间完成新建绿色建筑 10 亿 m^2；到 2016 年末，25%的城镇新建建筑达到绿色建筑标准要求。

绿色建筑要求室内布局合理，尽量减少使用合成材料，充分利用阳光，节省能源，以人、建筑和自然环境的协调发展为目标，尽可能地控制和减少对自然环境的使用和破坏。

设计方案

根据绿色建筑评价标准，N 1000kV 开关站主控通信楼绿色建筑从节地与室外环境、节能与能源利用、节水与水资源利用、节材与材料资源利用四部分着手设计，具体的绿色节能措施如下：

（1）节约土地。

1）不设单独的站前区。

2）优化站前区建筑物布置，将备品备件库设备运输通道与主控通信楼前广场硬化地面有机结合。

3）采用先进的设计理念，结合工艺专业要求，因地制宜，利用站内边角空地布置构筑物。如利用主控通信楼边的空地就近布置地埋式污水处理装置；结合工艺要求，利用站内零星空地就近布置事故油池和消防小室。

4）站前区采用联合建筑，加大了变电站建筑体量，同时有效减少站区用地，方便运行。

（2）采用节能围护墙体。

N 1000kV 开关站主控通信楼外墙装饰采用干挂瓷砖，保温采用岩棉板，是置于建筑物外墙体表面的保温及装饰系统，保温效果优秀且时间长，热桥作用少，节能效果好。

（3）采用节能外墙窗。

主控制室通信楼采用双层断桥铝合金窗，具有节能、隔音、防噪、防尘、防水等功能。双层窗设计更能有效防止风沙侵入建筑物，降低建筑物维护费用。

（4）采用节能空调系统。

1）选用技术先进的节能产品，选用技术先进的辅助材料。

2）空调冷媒选用 R410a 环保冷媒，不选用对大气造成污染的冷媒 R22。

3）选用能效优于《公共建筑节能设计标准》（GB 50189—2015）的规定以及现行有关国家标准能效限定值的产品。

（5）选用智能照明系统。

变电站户外照明考虑管理智能化、操作简单化等要求，在主控制室加装了户外照明智能联动控制模块。使站区户外照明系统更加简单、方便、灵活。

主控制室内安装液晶智能照明触摸屏以及相应控制元器件；户外光控照明配电箱箱内安装继电器模块。通过对主控室内液晶智能照明触摸屏终端的操作，实现对全站投光灯照明的远程控制和手动控制。同时，可在终端上显示每个控制回路的开关状态及其回路电压、电流参数，以实现对回路的监测。

（6）选用节水型器具与设备。

在主控通信楼卫生器具的选择上，采用节水型水嘴、节水型便器及冲洗阀门，可有效节约宝贵的水资源，同时保证使用效果。

（7）废水回收与利用。

站区生活污水经地埋式生活污水处理装置处理后，进入单独设置的回用水池，经回用水泵提升后用于全部站区绿化及设备冲洗，达到站区生活污水零排放。

（8）现浇混凝土采用商品混凝土。

全站现浇混凝土采用商品混凝土，能节省施工用地，减少资源浪费，改善劳动条件，减少环境污染。

（9）合理采用高强建筑结构材料。

主控通信楼受力钢筋 100%采用 HRB400 级高强热轧带肋钢筋。HRB400 级钢筋的抗拉、抗压设计强度为 360MPa，HRB335 级钢筋的抗拉、抗压设计强度为 300MPa，HRB400 钢筋较 HRB300 级钢筋具有强度高，延性、可焊性、机械连接性能好及施工适应性佳的特点，但是两种钢筋的理论重量在公称直径和长度都相等的情况下是一样的。可见采用 HRB400 级钢筋可大大节省钢筋的工程量。

实施情况与经验体会

绿色建筑的设计理念越来越多地应用到各种工程的建设当中，而其在变电站中的运用，可使变电站发挥更大的作用，因此拥有更加广阔的发展前景。

主控制室通信楼作为全站控制中心和运行检修人员工作、休息的“综合载体”，是站内建筑物设计的重点，其设计不仅要满足工艺的要求，还应充分体现“人性化”“绿色节能”的设计思想，在工程可研阶段就应充分考虑切合实际的绿色建筑方案，并列入预算，不能将绿色建筑仅作为一句口号，要作为主导思想始终贯穿于主控制室通信楼设计过程中。

案例七　1000kV 变电站构架法兰型式的选择

法兰连接是变电站构架结构设计的重要环节，工程中应依据受力特点和使用位置等实际条件确定法兰型式。本案例针对 B 站 1000kV 变电站构架法兰型式选择，通过不同输入条件下的结构受力分析，给出了不同法兰型式的适用条件和选择建议，为提高构架的结构安全性提供了参考。

基本情况

（1）设计场地。1000kV 构架位于变电站北侧，建筑物抗震设防烈度 7 度，50 年超越概率 10%的土层水平向地震动峰值加速度为 0.10g。建筑场地类别Ⅱ类。地面粗糙度为 B 类，基本风压为 0.60kN/m^2。

（2）1000kV 构架。B 站 1000kV 构架柱采用自立式四边形变截面格构式钢柱，构架梁采用矩形截面格构式钢梁，格构式构架柱与格构式钢梁连接方式为刚接，形成多跨或单跨钢结构框架，如图 5－7－1 所示。

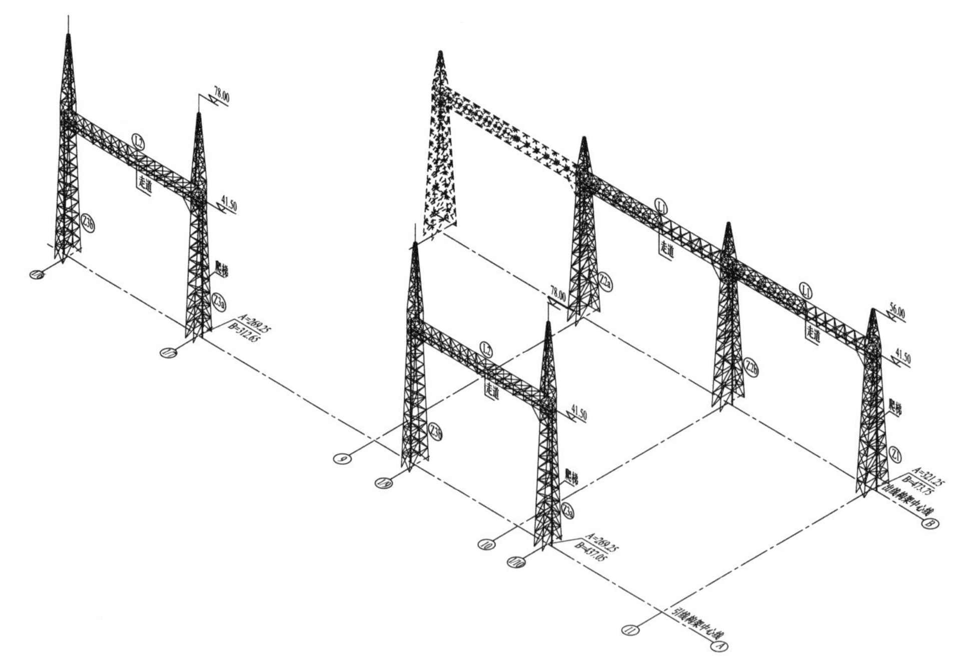

图 5－7－1　B 站 1000kV 构架轴测图

（3）荷载设计资料。根据电气提资资料，线路进线档导线采用 8×JLK/G1A－725（900）/40 钢芯扩径铝绞线，地线采用 OPG2－185 光缆和 JLB20A－185，导线荷载和地线荷载资料见表 5－7－1。

表 5-7-1　　荷载资料统计表　　单位：kN/相

工况	导线线条张力	导线横向风荷载	导线垂直荷载	地线线条张力	地线横向风荷载	地线垂直荷载
覆冰工况	100	4	57	15	1	3
大风工况	92	19	46	14	2	2
安装工况	82	3	46	20	1	2

注：表中给出值为导线每相荷载，地线则为单根荷载，需注意中间地线柱需挂两根地线。

（4）材料参数。根据 B 站 1000kV 构架设计方案，构架梁柱主材材质采用 Q345C，法兰连接板采用 Q235C，屈服强度为 210MPa，泊松比为 0.3，没有考虑焊缝及残余应力对节点极限承载力的影响。

格构式构架柱底部采用刚性法兰，其余采用柔性法兰。构架梁采用刚性法兰，法兰内径比圆钢管每边宽出 1.5mm，便于加工焊接。法兰结构初始设计方案详见表 5-7-2。

表 5-7-2　　柱法兰参数表

选型	型号	钢管外径 *D*（mm）	法兰盘厚 *T*（mm）	法兰内径 *D*1（mm）	法兰中径 *D*2（mm）	法兰外径 *D*3（mm）	螺栓数量
刚性法兰	FD450	450	30	453	523	593	20M24
柔性法兰	FD400	400	24	403	469	535	20M22
	FD350	350	22	353	413	473	20M20
	FD320	320	22	328	388	448	20M20
	FD250	250	20	253	301	349	16M20

研究分析过程

（1）理论计算方法。法兰连接计算方法按照《变电站建筑结构设计技术规程》（DL/T 5457—2012）执行。

（2）加工工艺。刚性法兰（见图 5-7-2）具有刚度大、承载力高、法兰盘厚度薄等优点。但由于有过多焊缝，易发生焊接变形。1000kV 构架法兰盘和钢管之间一般有 20 片以上的加劲板，每片加劲板与法兰盘及钢管分别由两条焊缝连接，总计有 80 条焊缝，进而整个节点有 160 条焊缝。过多的焊缝不仅加工烦琐、耗材增加，而且焊接残余应力难以计算。

柔性法兰（见图 5-7-3）采用中空插入式连接，即法兰盘与钢管通过内焊缝和外焊缝直接连接，避免了在法兰盘与钢管之间设置加劲肋板。柔性法兰虽然在刚度上不如刚性法兰，但由于去掉加劲肋板，使其具有焊接工作量小、加工和安装方便、法兰平整度更易得到保证、焊接残余应力少等优点。

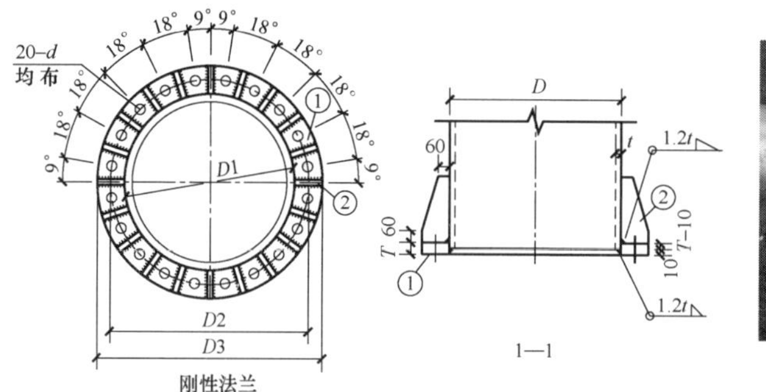

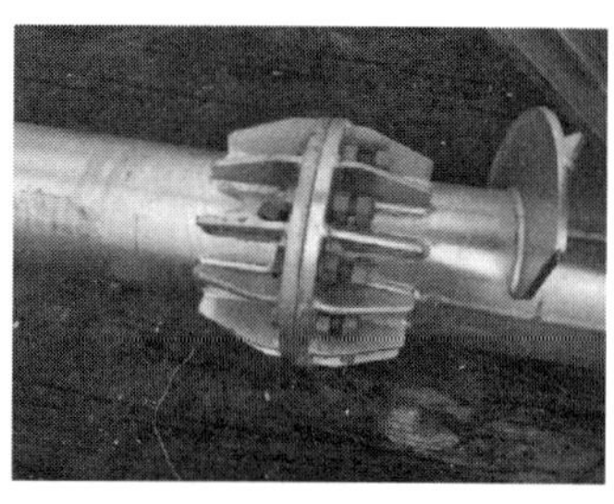

图 5–7–2　刚性法兰示意图

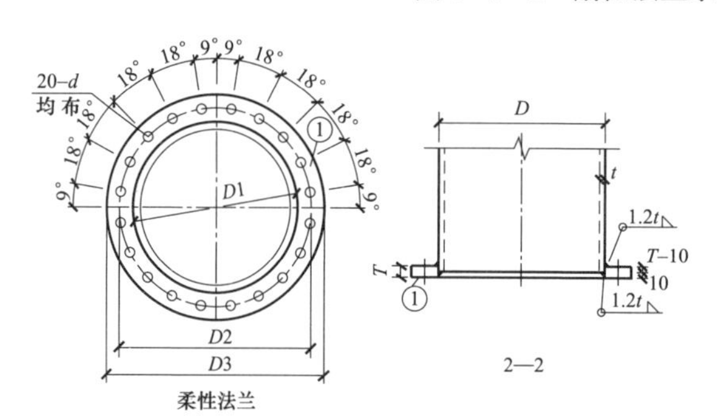

图 5–7–3　柔性法兰示意图

根据厂家调研，柔性法兰在加工、焊接过程中需要注意以下几点：

（1）柔性法兰在加工时，除法兰端面、外圆要进行车削加工外，与钢管套接电焊角焊缝法兰内孔处要开坡口。

（2）为防止法兰在焊接时变形，法兰加工好后要做反变形，消除由于焊接变形产生的法兰连接缝隙。

（3）由于柔性法兰无加劲肋板，焊缝受力大，焊接工艺时焊缝一定要焊透，角焊缝焊脚尺寸要满足相关规范要求。

（4）为了减少法兰焊接变形，在焊接时采用多层、多道焊。

设计方案

（1）方案简述。B 站 1000kV 构架柱高 56.0m，自下而上分 8 段组合而成，并由 7 组法兰盘（每组 4 套）连接。构架柱组装示意图如图 5－7－4 所示，本设计方案推荐构架柱最底部连接法兰盘采用刚性法兰，其余采用柔性法兰。

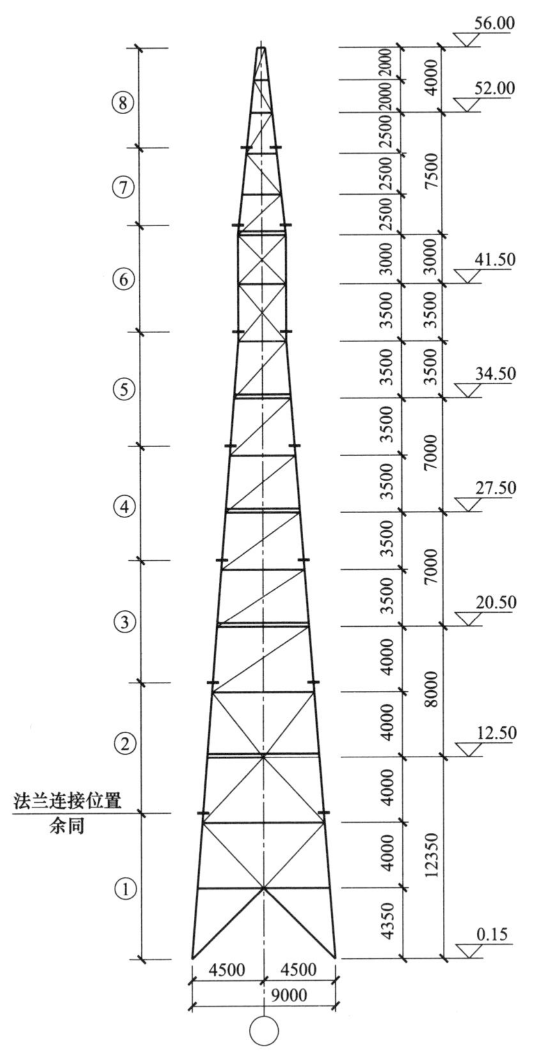

图 5－7－4　构架柱分段图

构架梁跨度为 53m，挂线点高度为 41.5m，梁主材直径为 219mm，构架梁由 5 段组合而成，并由 4 组法兰连接，构架梁构造示意图详见图 5－7－5。

格构式柱可能受拉弯作用当拉弯起控制作用时，需进行拉弯验算。

（2）方案比选。

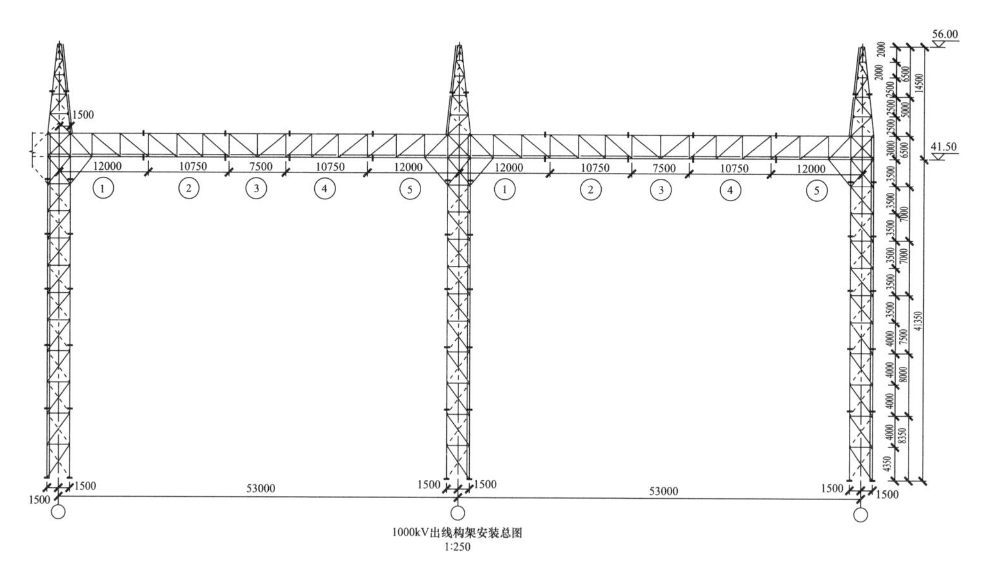

图 5－7－5　构架梁分段图

1）构架柱连接法兰经济技术比较（①～②段连接法兰），①～②段构架柱连接安装如图 5－7－6 所示。

图 5－7－6　①～②段构架柱连接安装图

构架底部首段连接法兰经济技术比较详见表 5－7－3。

从表 5－7－3 可见，当刚性法兰加劲板按构造要求取尺寸大小，其焊缝应力比控制在 0.5；若在相同位置采用柔性法兰连接，其焊缝应力比同样按 0.5 左右控制时，柔性法兰的法兰盘厚度为 28mm；每个柔性法兰的钢材用量较刚性法兰少 5.5kg，节省约 17%。

表 5-7-3　　FD450 刚性法兰和柔性法兰经济技术比较表

项　目	FD450	
	刚性法兰	柔性法兰
最大拉力（kN）	1563.0	
最大弯矩（kN·m）	12.6	
螺栓数量（个）	20M24	20M24
法兰盘厚 T（mm）	18	28
加劲板尺寸（mm×mm×mm）	-10×66×140（共计 20 个）	—
焊缝应力比	0.50	0.54
焊缝长度（mm）	12426	2826
法兰钢材总质量（kg）	30.8	25.3
推荐方案	√	×

虽然从钢材的用量上看，柔性法兰的用材有所节省，但是构架柱①～②段连接处所受拉力和弯矩是所有构架柱法兰中最大的。柔性法兰中法兰所受拉力和弯矩由钢管—法兰盘的双面剖口焊缝独立承担，而在刚性法兰中法兰所受拉力和弯矩将由加劲板的水平焊缝和垂直焊缝以及钢管—法兰盘的双面剖口焊缝共同承担。由此可见，在构架柱中受力最大的法兰连接点对柔性法兰的焊接工艺要求很高，焊接中温度产生的内应力、焊接残余应力等焊接质量因素对法兰加工尺寸精度、焊接点成品质量有较大影响，最终对整体结构有不可忽视的影响。

综上所述，在构架柱底部①～②段法兰连接点推荐采用刚性连接。

2）构架柱连接法兰经济技术比较（②～⑧段连接法兰），②～⑧段构架柱连接安装如图 5-7-7 所示。

图 5-7-7　②～⑧段构架柱连接安装图

根据第 2 节计算方法，关于构架②～⑧段连接法兰经济技术比较详见表 5-7-4～表 5-7-7。

表 5-7-4　　FD400 刚性法兰和柔性法兰经济技术比较表

项　目	FD400	
	刚性法兰	柔性法兰
最大拉力（kN）	1145.5	
最大弯矩（kN·m）	5.0	
螺栓数量（个）	20M22	20M22
法兰盘厚 T（mm）	18	24
加劲板尺寸（mm×mm×mm）	-10×62×140（共计 20 个）	—
焊缝应力比	0.42	0.54
焊缝长度（mm）	10611	2531
法兰钢材总质量（kg）	27.4	18.3
推荐方案	×	√

从表 5-7-5 可见，当刚性法兰加劲肋板按构造要求取尺寸大小，其焊缝应力比控制在 0.5；若在相同位置采用柔性法兰连接，其焊缝应力比同样按 0.5 左右控制时，刚性法兰法兰盘厚度为 18mm，柔性法兰的法兰盘厚度为 24mm；每个柔性法兰的钢材用量较刚性法兰少 9.1kg，节省约 33%。

表 5-7-5　　FD350 刚性法兰和柔性法兰经济技术比较表

项　目	FD350	
	刚性法兰	柔性法兰
最大拉力（kN）	798.7	
最大弯矩（kN·m）	4.8	
螺栓数量（个）	20M20	20M20
法兰盘厚 T（mm）	16	24
加劲板尺寸（mm×mm×mm）	-10×56×140（共计 20 个）	—
焊缝应力比	0.33	0.41
焊缝长度（mm）	10057	2217
法兰钢材总质量（kg）	22.1	14.7
推荐方案	×	√

从表 5－7－5 可见，当刚性法兰加劲板按构造要求取尺寸大小，其焊缝应力比控制在 0.33；若在相同位置采用柔性法兰连接，其焊缝应力比控制在 0.41，刚性法兰法兰盘厚度为 16mm，柔性法兰的法兰盘厚度为 24mm；每个柔性法兰的钢材用量较刚性法兰少 7.4kg，节省约 33.5%。

表 5－7－6　　　　FD320 刚性法兰和柔性法兰经济技术比较表

项　　目	FD320	
	刚性法兰	柔性法兰
最大拉力（kN）	546.4	
最大弯矩（kN·m）	8.3	
螺栓数量（个）	16M20	16M20
法兰盘厚 *T*（mm）	16	22
加劲板尺寸（mm×mm×mm）	－10×56×140（共计 20 个）	—
焊缝应力比	0.31	0.47
焊缝长度（mm）	9900	2060
法兰钢材总质量（kg）	19.0	12.6
推荐方案	×	√

从表 5－7－6 可见，当刚性法兰加劲板按构造要求，其焊缝应力比控制在 0.31；若在相同位置采用柔性法兰连接，其焊缝应力比控制在 0.47，刚性法兰法兰盘厚度为 16mm，柔性法兰的法兰盘厚度为 22mm；每个柔性法兰的钢材用量较刚性法兰少 6.4kg，节省约 33.7%。

表 5－7－7　　　　FD250 刚性法兰和柔性法兰经济技术比较表

项　　目	FD250	
	刚性法兰	柔性法兰
最大拉力（kN）	119.1	
最大弯矩（kN·m）	2.7	
螺栓数量（个）	16M16	16M16
法兰盘厚 *T*（mm）	16	20
加劲板尺寸（mm×mm×mm）	－10×44×120（共计 20 个）	—
焊缝应力比	0.30	0.40
焊缝长度（mm）	7797	1589
法兰钢材总质量（kg）	13.4	7.1
推荐方案	×	√

从表 5-7-7 可见，当刚性法兰加劲板按构造要求取尺寸大小，其焊缝应力比控制在 0.30；若在相同位置采用柔性法兰连接，其焊缝应力比控制在 0.40，刚性法兰的法兰盘厚度为 16mm，柔性法兰的法兰盘厚度为 20mm；每个柔性法兰的钢材用量较刚性法兰少 6.3kg，节省约 47%。

综上所述，在构架柱②～⑧段法兰连接点柔性连接比刚性连接钢材用量节省约 33%～47%，构架整体简洁美观，法兰焊接工艺少，组合安装操作便利，推荐采用柔性法兰。

3）构架梁连接法兰经济技术比较。构架梁连接法兰经济技术比较详见表 5-7-8。

表 5-7-8　　FD219 刚性法兰和柔性法兰经济技术比较表

项　目	FD219	
	刚性法兰	柔性法兰
最大拉力（kN）	668.5	
最大弯矩（kN·m）	1.5	
螺栓数量（个）	12M22	12M22
法兰盘厚 T（mm）	18	28
加劲板尺寸（mm×mm×mm）	－10×62×120（共计 12 个）	—
焊缝应力比	0.40	0.40
焊缝长度（mm）	5763	1395
法兰钢材总质量（kg）	15.5	13.1
推荐方案	×	√

从表 5-7-8 可见，构架梁刚性法兰和柔性法兰焊缝应力比都控制在 0.4，刚性法兰的法兰盘厚度为 18mm，柔性法兰的法兰盘厚度为 28mm；每个柔性法兰的钢材用量较刚性法兰少 2.4kg，节省约 15.5%。

根据常规设计，构架梁法兰采用刚性法兰。当按相同的应力比控制时，柔性法兰钢材用量可节省 15.5%，焊缝工作量可减少 76%，同时有构架梁整体美观、法兰盘焊接工艺少、组合安装操作便利、施工周期短等优点。构架梁法兰连接点推荐采用柔性法兰。

4）小结。通过本章节计算论证，综合考虑构架受力性能、构架组合安装、法兰焊缝加工工艺、螺栓操作便利性、钢材用量及整体感观效果，推荐构架柱底部首段法兰连接点推荐采用刚性连接，其余段法兰连接点采用柔性法兰；构架梁推荐采用柔性法兰。

构架柱柔性法兰和刚性法兰安装示意图分别如图 5-7-8 和图 5-7-9 所示。

图 5-7-8　构架柱柔性法兰安装示意图

图 5-7-9　构架柱刚性法兰安装示意图

实施情况与经验体会

特高压交流工程以工程建设的安全稳定性、施工加工安装的可靠性、建设的经济性作为工程设计的指导原则，从而保证工程的顺利建设和按期投运。

目前 1000kV 构架法兰选型不统一，通过对 1000kV 格构式构架梁柱法兰盘节点的计算研究，得出如下结论：

构架柱内力最大处法兰连接点①～②段连接法兰推荐采用刚性法兰。

构架柱②～⑧段法兰连接点柔性连接比刚性连接钢材用量节省约 33%～47%，构架整体简洁美观，法兰焊接工艺少，组合安装操作便利，推荐采用柔性法兰。

构架柱②～⑧段柔性法兰目前设计方案法兰盘厚度为 22～24mm，焊缝应力比控制在 0.5 左右，同等设计条件下，法兰盘厚度可优化为 20mm。优化后的法兰盘均满足设计荷载作用下的强度要求，也进一步节省钢材，既节省又美观。

构架梁法兰推荐采用柔性法兰，较常规方案钢材用量可节省 15.5%，焊缝工作量可减少 76%，同时有构架梁整体美观、法兰盘焊接工艺少、组合安装操作便利、施工周期短等优点。

案例八　构架基础裂缝控制方案

500、1000kV 构架基础采用混凝土独立基础，受温度变化影响易产生裂缝。本案例针对构架基础裂缝问题，提出了构架基础按照大体积混凝土进行构架基础设计、施工，有效控制基础裂缝产生。

基本情况

E 1000kV 变电站工程 500、1000kV 构架均采用钢管人字柱结构，基础均采用混凝土独立基础。500kV 构架单个基础混凝土量最小 $13m^3$，最大 $79m^3$。1000kV 构架单个基础混凝土量最小 $56m^3$，最大 $136m^3$。

现场发现浇筑完成的一个 500kV 构架基础表面出现裂缝，裂缝主要为上部横向、贯通四周。随后 1000kV 构架基础拆模后其中一个基础又发现一条竖向裂缝。现场进行基础拆除重新浇筑的处理。

研究分析过程

为减少构架基础裂缝，监理和施工单位提出基础四周应增加构造钢筋措施。因此设计单位对构架基础增加了构造钢筋设计，现场重新浇筑施工基础，拆除模板时发现新浇筑的 3 个 1000kV 构架基础、1 个 500kV 构架基础仍出现了裂纹。

新浇筑的裂纹既有横向的也有竖向的，走向较规则。此现象说明构架基础增加的构造钢筋对基础裂缝产生并未发挥作用。设计认为，对于刚浇筑完成混凝土基础，由于混凝土尚未凝固，增加构造钢筋对于防止早期裂缝没有作用，不能解决基础裂缝问题。防止裂缝的重点在于减少单位体积混凝土的水化热，做好基础养护期间的防水、保温措施。

研究分析认为基础裂缝产生原因如下。

基础裂缝内因：水泥及骨料的选用及配合比、浇筑温度、养护条件未按大体积混凝土施工养护，造成混凝土内外温差超过《混凝土结构工程施工及验收规范》（GB 50204—2015）允许值，导致混凝土表面形成裂缝。

基础裂缝外因：基础施工环境温度约 35℃，受水化热的影响，混凝土入模温度可达 50～60℃。基础混凝土浇筑时间大约用了 10h，完成浇筑后，48h 内下了两次大雨，持续时间均超过 2h。在混凝土初凝过程中水化热高温状态，由于没有重视防雨、保温措施，基础遇雨后温度骤降，导致混凝土内外温差过大，混凝土表面收缩炸裂。

设计方案

为减少大体积混凝土基础裂缝，施工图纸中明确构架基础按照大体积混凝土设计，在不利的气候条件下需采取的施工质量措施；对大体积混凝土材料、配合比、制备及运输提出要求，如水泥品种，水化热等性能指标；对砂石粒径、含泥量、检测试验等提出设计要求；炎热天气浇筑混凝土宜采用遮盖、洒水、拌冰屑等降低混凝土原材料温度措施，混凝土入模温度控制在 30℃以下；冬季浇筑混凝土，宜采用热水拌合、加热骨料等提高原材料温度的措施，混凝土入模温度不宜低于 5℃；混凝土浇筑后应做好保温保湿养护；大风天气浇筑混凝土在作业面应采用挡风措施，并增加混凝土抹光次数，及时覆盖塑料薄膜和保温材料；雨雪天不宜露天浇筑混凝土，当需要施工时应采取确保混凝土质量的措施。浇筑过程中突遇大雨或大雪天气时，应及时在合理部位留置施工缝，并应尽快终止混凝土浇筑；对已浇筑还未硬化的混凝土应立即覆盖，严禁雨水直接冲刷新浇混凝土。

国家针对大体积混凝土施工制定了系列规程规范：《大体积混凝土施工规范》（GB 50496—2009）、《大体积混凝土温度测控技术规范》（GB 51028—2015）、《块体基础大体积混凝土施工技术规范》（YBJ 224—1991）等。施工应按照大体积混凝土相关规范策划施工方案，选用合适的水泥、骨料及外加剂，确定合理的配合比、运输要求，浇筑温度、养护条件。为了增强基础后期抗裂性能，构架基础配筋除应满足结构强度和构造要求外，还应结合大体积混凝土的施工方法配置控制温度和收缩的构造钢筋。

实施情况与经验体会

针对上述情况设计要求：做好基础养护期间的防水、保温措施是关键点，在混凝土养护阶段要严格控制混凝土内部与表层温差；必要时可以调整水泥品种和配合比。按设计要求开展施工后，基础没再出现裂纹，质量得到了保障。

对于构架等基础，设计要提醒施工单位按照大体积混凝土相关规范采取必要的施工措施。施工单位需要严格执行大体积混凝土施工规范，采取必要的施工、养护措施，避免基础的温度裂缝。

案例九　避雷针结构型式选择方案

根据西北地区 750kV 变电站避雷针事故的调查分析，单钢管避雷针易产生疲劳效应，从而导致避雷针破坏。经研究分析，避雷针破坏时材料强度远小于其屈服强度，因此在设计中需对此类问题加以关注。

特高压变电站的避雷针高度较高，可通过选取适合的结构型式来提高稳定性及抗疲劳能力。同时，对处于高海拔、严寒地区的钢结构，需要具有与对应环境温度相适应的冲切韧性的合格保证，应选用合理的钢材等级，避免发生低温脆断。

基本情况

J 变电站避雷针初始方案是根据电气专业所提需求及初设审定方案确定，避雷针采用等截面圆钢管结构。站址环境条件如下：

历年极端最低温度：－30.5℃；

年最低温度多年平均值：－25.9℃；

多年平均风速：2.0m/s；

全年主导风向为 SW；

夏季主导风向为 SW 和 S；

冬季主导风向为 SW。

经计算，站址处 100 年一遇 10m 高 10min 平均最大风速 29m/s，50 年一遇 10m 高 10min 平均最大风速 28m/s。

研究分析过程

本站避雷针最初方案为采用等截面圆钢管结构。此种结构已在500kV及以下各电压等级的变电站应用多年，个别220kV变电站构架在某些时段微风工况下存在共振情况，但一般振幅较小，结构构件及连接应力幅较小，且振动只发生在全年中某些时段，目前运行多年的避雷针本体及螺栓连接并未发现疲劳破坏情况。

本工程大风工况时，避雷针钢管强度、连接法兰的螺栓强度与避雷针位移均满足设计要求，且有较大安全裕度，分析结果见表5－9－1～表5－9－3。

表5－9－1　　避雷针钢管强度计算（63m高）（大风工况）

直径×壁厚（mm×mm）	480×8	402×8	300×8	245×8	133×7	89×5	50×5
计算值（N/mm²）	196.5	152.4	119.0	37.9	68.1	66.0	12.2
设计值（N/mm²）	310	310	310	310	310	310	310
安全系数	1.58	2.03	2.6	8.2	1.9	4.7	25.4

表5－9－2　　避雷针法兰连接螺栓强度计算（63m高）

法兰编号	螺栓内力（kN）	螺栓受拉承载力设计值（kN）	安全系数
FL－1	44	141.2	3.2
FL－2	88.1	326.8	3.7

表5－9－3　　500kV避雷针位移计算

高度（m）	最大位移（mm）	允许偏差（mm）	安全系数
45	155	229	1.93
63	290	400	1.38

由上述分析知，原设计方案强度及变形满足《变电站建筑结构设计规程》（DL/T 5457—2012）的要求。

针对避雷针设计，国网公司运维检修部在《国家电网公司关于印发架构避雷针反事故措施及相关故障分析报告的通知》（国家电网运检〔2015〕556号）中提出了如下要求：

（1）避雷针连接螺栓应采用 8.8 级高强度螺栓，双帽双垫，螺栓规格不小于 M20，底座螺栓数量不少于 12 个。

（2）在低于 −25℃的严寒地区，避雷针钢材应具有低温冲击韧性的合格保证。

为满足特高压工程高标准安全运行的要求，国网交流建设部在北京召开了关于大风地区 1000kV 变电站构架避雷针设计技术的讨论会，提出以下改进意见：

（1）构架上圆钢管结构避雷针需满足反措要求。

（2）鉴于以往工程设计中，500kV 构架避雷针均较短，一般情况下不超过 20m，管径较小，一般不大于 250mm。

（3）考虑低温严寒地区，提高避雷针钢材的低温冲击韧性的合格保证。

（4）对于 500kV 主变过渡架构上 3 支避雷针，考虑长度较长（约 35m），需考虑风振作用影响。

站址位于大风严寒地区，结合上述要求，需研究降低构架避雷针高度或改进避雷针型式的方案，以避免构架避雷针出现类似故障。

设计方案

站内 1000kV 构架避雷针位于格构式构架顶部，采用拔梢结构，顶部针管段选用冲击韧性满足当地环境温度要求的 Q345D 级钢。

站内 500kV 主变过渡架构上 3 支避雷针，考虑长度较长（约 35m），不宜采用圆钢管结构形式的构架避雷针，经电气专业重新布置、计算，采取取消主变过渡架构 3 支避雷针，同时增加 4 支 65m 高的独立避雷针，全部采用格构式。

实施情况与经验体会

500kV 配装置区避雷针方案调整后，在现有的技术经济条件下，最大限度满足了本工程对于避雷针安全度的要求，减少低温、风振作用对避雷针安全的影响。

根据以往的工程经验及避雷针事故分析结论，结合 J 变电站站址的环境特征，选取避雷针适宜的结构型式，提高其抗疲劳能力，增加安全储备。

在今后的特高压工程设计中，应充分考虑避雷针的风振作用及疲劳效应；在满足安全运行的前提下，尽量降低避雷针高度，若构架顶部设置避雷针，建议采用格构式的结构型式。同时，对于严寒地区的避雷针应采用冲击韧性与当地气候条件相匹配的钢材型号。

案例十　1100kV GIS 设备箱形基础设计方案

1100kV GIS 设备基础设计常用平板式筏板基础，薄板基础及梁板式筏板基础。本案例针对 1100kV GIS 设备首次采用箱形基础方案的情况，提出了基础设计方法，为后续工程提供参考。

基本情况

C 1000kV 变电站极端最高气温 36.1℃，极端最低气温为 −39.8℃，最大冻土深度为 1.99m，无地下水影响，中密细砂层可做站区建、构筑物的天然地基基础持力层。考虑到 GIS 设备防寒措施，1100kV GIS 配电装置采用户内布置方案，本期建筑平面尺寸为 30m × 175m，远期为 30m × 450m。

研究分析过程

目前已建的 1100kV GIS 配电装置设备多采用户外布置，只有 C 变电站及 R 站采用户内布置；基础多采用平板式筏形基础，唯有 E 站采用了薄板基础与梁板式筏板基础两种形式。深填方区或地质条件较弱的站区基础采用桩基。

1100kV GIS 配电装置布置在户内，正常工作温度在 −25℃以上，虽然设置了采暖措施，但仍需考虑冻深影响，并满足工艺、结构承载力、沉降及构造要求；同时本工程地质条件较好，没有地下水。采用常规平板式筏形基础可行，但是混凝土用量较大，另外，大体积混凝土浇筑容易产生基础裂缝，施工难度较大。

设计方案

根据工艺要求，GIS 基础顶面为混凝土平板，母线设备可以采用支墩基础，但场地必须为混凝土地面；1100kV GIS 基础每个完整串设置一个伸缩缝（长度约为 70m），GIS 设备在相应位置设置伸缩节；基础及埋件的沉降差、基础温度变形设备厂家均提出严格要求。

1100kV GIS 基础设计方案优化应遵循减少基础沉降变形及表面混凝土裂缝，增加基础刚度原则。本工程中 1100kV GIS 基础设计采用箱形基础。

1100kV GIS 基础采用钢筋混凝土箱形结构，GIS 设备布置在箱体顶板上。箱体上部空间净高为1.4m，箱体外侧设置苯板保温层，箱体底部换填毛石混凝土加深，与箱体上部共同作为底板保温层。

实施情况与经验体会

箱形基础刚度大，抵御不均匀沉降的能力强，有效地减少了填方区基础不均匀沉降；与筏板基础相比，混凝土量大幅度减少，可以明显加快施工进度；顶板厚度较薄，大体积混凝土表面裂缝宜控制；箱体内的空腔兼作电缆沟，敷设电缆，空间较大，方便电缆敷设及检修，表面无盖板，外形美观；箱体外侧苯板保温，可以有效提高基础的防冻胀性能。箱形基础结构整体造价低。

箱形基础减少混凝土用量，控制混凝土温度裂缝，降低工程造价。由于兼作电缆沟，设计时需注意地下水、雨水的影响，加强排水措施，同时考虑通风设施，避免箱体内长期处于潮气影响设备安全稳定运行。

案例十一　组合大钢模板清水混凝土防火墙设计

现浇钢筋混凝土防火墙支模一般采用木模板和钢模板。组合大钢模板具有整体性好、施工方便、模具可以重复使用的优点，拆模后墙面平整可以达到清水混凝土要求等特点。本案例依托P 1000kV变电站，针对采用组合大钢模板清水混凝土防火墙方案进行了介绍与说明，为后续工程中防火墙的方案选择提供了参考。

基本情况

P 1000kV变电站工程环境条件为：

设计风速：50年一遇离地10m高10min平均风速为29.7m/s，100年一遇离地10m高的10min平均风速为31m/s。

地震基本烈度：Ⅵ度；

设计地震动峰值加速度：0.05g；

建筑场地类别：Ⅱ类；

防火墙结构型式：现浇钢筋混凝土防火墙；

主变压器防火墙尺寸：18.974m（长）×9.8m（高）×0.3m（厚）；

高压电抗器防火墙尺寸：16.400m（长）×9.3m（高）×0.3m（厚）。

研究分析过程

防火墙设计一般考虑以下三个方案：

（1）方案一：现浇钢筋混凝土防火墙。此类防火墙的墙身一次浇筑成型，整体性好；采用传统湿作业，现场混凝土、钢筋、模板等工程量较大。

（2）方案二：现浇钢筋混凝土框架+砌体填充墙防火墙。此类防火墙的墙身框架梁、框架柱均现场浇筑，砌体填充墙与框架体系之间设置必要的拉结措施，结构整体性较好；混凝土工程量较方案一少，增加了填充墙体砌筑工程量，工期较长。

（3）方案三：现浇钢筋混凝土柱+预制墙板。框架柱现场浇筑，预制墙板通过卡具等连接件与框架柱连接在一起，结构整体较好。现场混凝土工程量较少，墙板组装方便，工期较短。柱浇筑工程量小，相对传统湿作业，对环境影响较小。

通过以上分析比较，三个方案在技术上均可行，各具特点。钢筋混凝土柱+预制墙板防火墙对环境的影响较小，工期也更短，但工程造价较高。现浇钢筋混凝土防火墙和框架填充墙防火墙二者相差不多，前者造价较高，但现浇钢筋混凝土防火墙一次成型，整体性更好。根据本工程的特殊情况，最终确定采用现浇钢筋混凝土防火墙。

对于现浇钢筋混凝土防火墙，施工过程中，支模方式分为木模板和钢模板。当前建筑施工用模板以木模板为主，木模板具备方便拆装、方便造型的特点，但是木材为不可再生资源，重复使用率较低。

组合大钢模板是在传统组合钢模板的基础上的升级，它一次成形，使防火墙表面具有更好的整体性，同时组合大钢模板具有设计先进、速度快、效率高、结构紧凑、使用安全及操作维修方便且可以重复使用等优点，同时组合大钢模板拆模后，墙体表面可以达到清水混凝土要求，提高墙体美观度。组合大钢模板在高铁、地铁等领域已经进行广泛的应用，具有比较丰富的施工经验。

设计方案

本站防火墙的支模方式，推荐采用组合大钢模板形式。

现浇钢筋混凝土防火墙，墙下条形基础，墙厚为 300 ㎜，水平分布钢筋和竖向分布钢筋均双排设置，采用纤维膨胀混凝土。在混凝土中掺入引气剂，防止冻胀裂缝，防火墙外表面涂刷清水混凝土保护液。

组合大钢模板施工步骤：施工准备→基础施工→钢筋绑扎→模板组拼→模板抛光刷漆→模板吊装就位→调整模板紧固螺栓→模板验收→浇筑混凝土→模板拆除→模板清理保养。应在施工中着重注意以下几点：① 严格控制好插筋位置；② 模板表面涂刷专用漆；③ 处理好模板底部与基础接缝；④ 处理好对拉螺栓孔，防止漏浆；⑤ 采用钢制导管引导，避免防火墙底部混凝土产生离析现象。

实施情况与经验体会

目前，在特高压站实际施工过程中，施工方考虑造价、工程经验等方面的因素，并未采用组合大钢模板的支模型式。设计人员可结合组合大钢模板的自身特点，为后续的工程设计提供备选方案。

案例十二　1100kV GIS 基础型式及地基处理方案优化

地基处理一般是指用于改善支承建筑物的地基（土或岩石）的承载能力，改善其变形性能或抗渗能力所采取的工程技术措施。1100kV GIS 设备基础型式选择与地基处理设计相结合，可以达到方案可行，经济最优。本案例依托 E 变电站，针对 1100kV GIS 基础采用薄板基础与梁板式筏板基础两种型式，填方区采用冲孔灌注桩方案进行了介绍，为后期特高压变电站基础及地基处理方案选择提供参考。

基本情况

E 变电站地质条件挖方区与填方区相比沉降量差异较大。挖方区地基承载力较好，沉降量小；填方区局部回填最大深度达 25m，沉降量相对较大。

研究分析过程

总结以往特高压 GIS 设备基础设计成果，认为 1100kV GIS 设备基础可以从以下几方面进行优化设计：一是基础采用薄板＋支墩型式，减少基础露出地面的面积；二是基础表面设置变形缝和沉降缝，并根据电缆沟布置情况对基础表面进行分缝，将基础分成面积较小的个体，使温度应力得到释放；三是基础分层浇筑，减小基础厚度；在基础混凝土设置钢筋网片及抗裂纤维，增强基础混凝土抗裂能力等。上述措施可以减少基础混凝土表面温度裂缝，同时减少混凝土用量。

设计方案

E 变电站地质条件挖方区与填方区相比沉降量差异较大。挖方区地基承载力较好，沉降量小；填方区局部回填最大深度达 25m，沉降量相对较大。常规方案采用平板式筏形基础，填方区采用灌注桩。筏形基础重量大，造成灌注桩数量大增。优化上部筏板设计是解决问题的关键。

根据此工程特点及工艺要求，1100kV GIS 设备挖方区地基承载力高，该地区非寒冷地区，无冻深要求，挖方区采用 850mm 薄板基础，填方区采用冲孔灌注桩及折合厚度为 350mm 的梁板式基础。

实施情况与经验体会

结合场地条件，本站 1100kV GIS 设备挖方区采用 850mm 厚薄板基础、填方区采用冲孔灌注桩及折合厚度为 350mm 的梁板式基础，单块筏板的宽度结合相邻电缆沟尺寸确定，一般为 6～7m。新型 1100kV GIS 基础比常规的平板式筏形基础具有更优越的温度变形协调性，有利于减小设备自身的温度应力，基础表面裂缝得到了有效控制；与初步设计方案相比较，混凝土量减少 56%，灌注桩数量减少 50%，缩短了施工工期。

目前，1100kV GIS 基础运行良好，满足设备安全运行要求，设计方案优化改进取得了成功。

案例十三　自重湿陷性黄土区域地基处理方案优化

黄土地基的湿陷性是黄土地区的典型工程地质问题，是建（构）筑物结构安全的重要隐患，工程中需根据湿陷性等级采取有效地基处理措施。本案例以 B 1000kV 变电站为例，针对湿陷性黄土区域采用 PHC 管桩的处理方案，优化施工工艺，有效控制了地基处理工程造价，使地基满足承载力和稳定的要求，为后续类似工程提供了实践经验。

基本情况

B 1000kV 变电站站址地貌单元属黄土残塬，站址地处残塬塬面上，地形较开阔，略有起伏，地面标高为 1248.0～1258.0m。场地设计标高为 1255.67m，最大填方厚度约为 5m；场地为自重湿陷性场地，需要考虑地基土湿陷性的影响。因此地基处理成为本工程设计的一个重要环节，方案的合理与否直接影响到工程安全和投资。

根据总平面布置，站区分三列式布置，自北向南分别为 1000kV 配电装置区、主变压器及无功补偿装置区、500kV 配电装置区，站前区位于站区西侧，变电站大门朝西，进站道路从南侧公路引接进站。竖向布置采用平坡式布置，场地挖填区分布如图 5－13－1 所示，场地设计标高为 1255.67m。

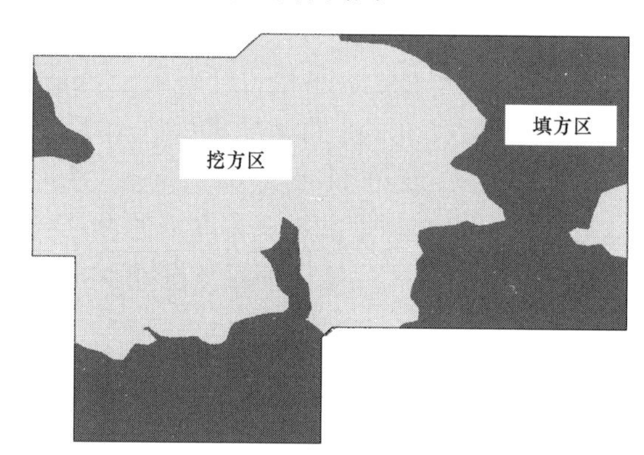

图 5－13－1　站区土方挖填区分布图

根据土方平衡，场地需挖土方为 14.3266 万 m^3，填方为 11.8283 万 m^3。大部分填方区位于站区东侧和南侧，在南侧局部区域最大填土厚度为 5.0m 左右，挖方区在场地西侧。本期新上的 1000kV 配电装置场地、500kV 配电装置场地及主变场地大部分处于填方区，站前区处于挖方区。

根据岩土工程勘测资料，场地（1－2）层全新统黄土状粉土浸水具有湿陷性，湿陷等级为自重湿陷性Ⅱ（中等）～Ⅳ（很严重）。湿陷系数为 0.015～0.135，湿陷系数平均值为 0.042；湿陷起始压力为 8～200kPa，湿陷起始压力平均值为 49.5kPa。

研究分析过程

针对 B 站自重湿陷性黄土的特点，工程需面临的地基处理问题：包括满足建

（构）筑物承载力要求，控制建（构）筑物的沉降和不均匀沉降，同时需要论证场地建（构）筑物荷载引起的沉降是否需要考虑湿陷性问题。根据以往相关工程处理经验和对当地调查了解，提出适合本工程地基处理的方法主要有：换填垫层法、桩基、灰土挤密桩、强夯法等。这几种方法各有优缺点，适用范围也有所区别。地基处理需要结合场地建（构）筑物的特点，综合考虑几种方法的优劣，选择一种或者几个方法组合，作为本工程的地基处理方案。

（1）换填垫层法。换填垫层的厚度应根据置换软弱土的深度以及下卧土层的承载力确定，宜为0.5～3.0m。其中2:8灰土垫层承载力较高一般可达到250kPa，在工程中应用广泛。换填灰土垫层不仅可以提高浅层土的地基承载力，也可以消除浅层土的湿陷性。

根据场地土层物理力学特性分析，（1－1）层粉土及（1－2）层黄土地基承载力特征值分别为 100、140kPa，地基承载力较低。采用换填垫层提高浅层土的地基承载力，可作为变电站部分一般建（构）筑物的地基持力层。

对于荷载较大或对沉降和差异沉降要求严格的建（构）筑物，如果采用换填垫层法，则灰土垫层换填厚度很大。换填厚度过大，从经济性和施工操作性来讲，都是不合理的。因此，换填垫层法可用于变电站一般建（构）筑物的地基处理，但是对荷载较大或对沉降和差异沉降要求严格的建（构）筑物地基处理并不合适。

（2）桩基础。1000kV和500kV GIS是该变电站主要构筑物，对地基沉降和差异沉降要求非常严格。桩基沉降以桩端下卧层沉降为主，选择压缩性较低的土层作为桩端持力层，桩基沉降量很小。桩基础可以有效控制地基沉降和不均匀沉降，而且桩基础承载力高、可靠性好。桩基础按桩型可分为非挤土桩（钻孔、挖孔灌注桩等）和挤土桩（如打入式预制桩等）。

本工程中，（3）层老黄土可作为变电站主要建（构）筑物的桩基持力层。桩基穿越（2）层黄土厚度较大，土质较好。

变电站主要建（构）筑物采用桩基础，可以有效控制基础沉降和差异沉降，满足要求。

（3）灰土挤密桩。灰土挤密桩其加固机理可以从两方面解释，一方面，成孔时，桩孔部位的土被侧向挤出，从而使得桩间土得到挤密；另一方面，桩体材料中的石灰和土之间会发生一系列的物理、化学反应，使其凝结成具有一定强度的桩体。

灰土挤密桩不仅可以提高填土地基的承载力，也可以消除湿陷性黄土地基的湿陷性。主要适用于处理地下水位以上的粉土、黏性土、素填土、杂填土和湿陷性黄土等地基，可处理地基的厚度宜为3～15m。

该方案具有施工技术和机具简单、能就地取材、工期短、费用较低的特点，在湿陷性黄土地区也得到了广泛应用。但是结合本工程建（构）筑物结构类型和特点，在地基处理中没有选用该方法，主要基于以下考虑：

1）（1－1）层粉土及（1－2）层黄土，地基承载力较低，且层厚较大，采用换填垫层法处理可作为变电站一般建（构）筑物的地基持力层。采用灰土挤密桩处理，也可以满足变电站一般建（构）筑物的要求。但是相对于灰土挤密桩法，换填垫层法在施工方便、工期、费用等方面的优势更加明显，因此在变电站一般建（构）筑物地基处理中，采用换填垫层法。

2）变电站主要建（构）筑物对基础沉降和沉降差的要求非常严格。采用灰土挤密桩法因复合地基压缩模量提高有限，沉降量较大。以1000kV GIS为例，最大填土厚度约为3.0m，如果采用灰土挤密桩处理，桩径ϕ500，桩长取15m，布桩间距为0.9m、正三角形布置，计算得基础沉降量约为96.4mm，无法满足GIS设备的要求。而采用预应力高强混凝土管桩可以有效控制基础沉降和差异沉降，满足要求。

（4）强夯法。强夯法常用来加固湿陷性黄土等各类地基土。由于其具有设备简单、施工速度快、适用范围广、节约三材、经济可行、效果显著等优点。

变电站主要建（构）筑物对基础沉降和沉降差的要求非常严格。结合本工程特点，浅层（1－1）层粉土及（1－2）层黄土压缩模量分别为7.18、8.42MPa，且层厚较大，按现有地质钻孔层厚达到12.0～17.0m。按《建筑地基处理技术规范》（GB 50007—2011）建议值，12 000kN • m能级下，强夯的有效加固深度为9.0～10.0m。采用强夯法因加固深度有限，（1）层土层厚较大，沉降量较大，不能满足部分建（构）筑物对基础沉降和沉降差的要求。

综合比较各种地基处理方案，初步设计阶段，根据B站址地形地貌及地质条件，结合变电站总平面布置和建（构）筑物特点，因地制宜，从工程需要和实际出发，建议采用桩基础。

针对黄土地基特点，对适合本工程的桩基方案进行比较，对预应力高强混凝土管桩和钻孔灌注桩两种方案进行了经济技术比较。与钻孔灌注桩方案相比，预应力高强混凝土管桩（PHC）方案经济效益明显，而且施工工期短、施工质量可靠，而且可以避免灌注桩冬季施工对混凝土产生的不利影响。因此，初步设计阶段设计院推荐采用预应力高强混凝土管桩进行地基处理，桩径采用ϕ500，桩端进入③层老黄土2.0m，桩长取26～30m。

通过对场地地基土的特性的综合分析，根据《建筑桩基技术规范》（JGJ 94—

2008）的有关规定，地基土的桩基设计参数估算值参见表 5－13－1。

表 5－13－1　　主要土层桩基设计参数估值表

岩土层序号及名称	混凝土预制桩	
	极限侧阻力标准值（kPa）	极限端阻力标准值（kPa）
	q_{sik}	q_{pk}
（1－1）粉土	26	—
（1－2）黄土	40	—
（2）黄土	66	2000
（3）黄土	86	2700

根据《建筑桩基技术规范》（JGJ 94—2008）中 5.4.2 条，挖方区单桩承载力不考虑负摩阻力，填方区单桩承载力计算中需考虑负摩阻力。以 PHC AB500 为例，桩长取 22～28m，桩端进入（3）层老黄土 2.0m。挖方区按最不利钻孔断面分析，单桩受压极限承载力特征值为 1082kN；填方区最不利钻孔断面单桩受压极限承载力特征值为 935kN；单桩抗拔承载力为 572kN。预应力高强混凝土管桩轴心受拉承载力为 600kN，两者取小值，抗拔承载力特征值为 572kN。

变电站主要建（构）筑物采用预应力高强混凝土管桩处理，可以有效控制基础沉降和差异沉降，满足要求。

根据初设方案，设计院编制了相应的试桩方案，并在 B 1000kV 变电站现场典型区域进行了试桩工作。根据地质情况，结合评审专家意见采用锤击施工，针对不同的持力层现场试桩共试桩 3 组，针对不同的持力层分别为 9m 短桩、21m 中长桩和 28m 长桩。

通过现场试桩确定在 B 站址地区采用管桩在技术上是可行的，并确定了工程桩采用 10m 长和 20m 长的两种桩长。对于重要建构筑物采用 20m 长 PHC 管桩，设备支架、110kV 设备等采用 10m 长 PHC 短桩，取消初设阶段 28m 的长桩（进入③层老黄土）的方案，确定 PHC 桩只需穿透湿陷性土层，进入②层黄土便能满足工程设计要求。

设计方案

通过现场试桩，采用锤击桩均可以顺利沉桩。但由于锤击沉桩有一定振动和噪声，现场政策处理难度较大，考虑到特高压工程的重要性，且工期要求很紧，结合专家意见，设计院提出并论证使用静压桩施工的可行性，同时在现场进行了施打。由于静力压桩力属静力沉桩，造成 PHC 管桩的穿透能力相对较小，现场施工出现压桩困难的现象，压桩力较大且部分桩长不能压到设计桩长。设计院针对现场实际情况，又提出了先引孔再静压沉桩的方案：引孔采用 ϕ400 孔径的长螺旋设备，引孔深度为桩长减 1m。

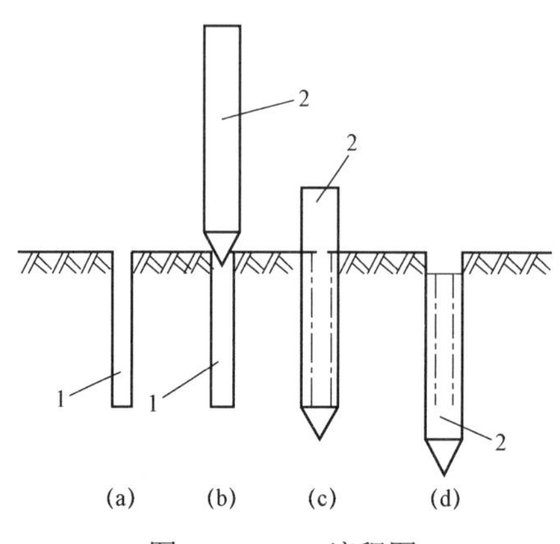

图 5－13－2　流程图

（a）钻孔；（b）插孔；（c）沉桩；（d）成桩

1—钻孔；2—桩

通过引孔再静压沉桩的方式，可以起到减小（2）层黄土的贯入阻力、减少桩周和桩端黄土的挤土效应的作用。因此，对本工程 PHC 桩，推荐采用先引孔再静压沉桩的施工方式，即在 PHC 桩施工前对桩位预钻孔一定深度，再进行 PHC 桩施工，流程如图 5－13－2、图 5－13－3 所示。

(a)

(b)

(c)

图 5－13－3　先引孔后静压沉桩工艺

（a）长螺旋钻机；（b）起钻；（c）成孔

按初步方案，随机在场地选取 3 根桩作为引孔试验桩，引孔直径取 400mm，引孔深度按桩长减 1～2m 控制。静载荷试验结果表明，3 根桩均满足设计承载力要求，因此本工程采用先引孔后静压沉桩的施工方式是安全可靠的。

场地在勘测深度内未见地下水，采用长螺旋干作业钻孔，钻孔切削下来的钻渣通过螺旋钻杆叶片不断从孔底输送到地表，施工速度快。为保证引孔质量，引孔的垂直度偏差不宜大于 0.5%，准确控制好引孔深度不得超钻。引孔作业和压桩作业连续交叉进行。

根据 PHC 桩压桩施工记录，采用先引孔再静压沉桩后，最大压桩力减小为 4200～4400kN，即黄土挤密效应减少。采取先引孔再静压沉桩的措施，起到了减小黄土挤密效应的目标。

实施情况与经验体会

现场实践证明引孔+静压沉桩施工是可行和高效的，静压沉桩施工，很好地解决了现场施工的振动和噪声问题；同时采用引+静压的施工方案，能顺利沉桩，且引孔后加快了静压沉桩的速度，极大地缓解了特高压工期紧的压力，经济效益明显，而且施工工期短，施工质量可靠。

结合 B 1000kV 变电站的地基处理方案，得出以下结论：

（1）对于湿陷性黄土地区，地基处理采用管桩是可行的，而且管桩经济效益明显，施工工期短，现场干净整洁，施工质量可靠有保障。

（2）管桩施工采用锤击沉桩较为合适，但锤击沉桩现场振动大、噪声大，对于市区和聚居地政策处理较为困难，实施阻挠多。

（3）湿陷性黄土地区，PHC 桩推荐采用锤击沉桩，如受环境条件制约而采用静压沉桩，可以辅以预先引孔等措施。

（4）引孔再静压沉桩的方式，可有效减小黄土的贯入阻力、减少桩周和桩端黄土的挤土效应，从而大大缩短压桩时间，节约工期。

（5）管桩施工还可以采用引孔+静压沉桩的方案，费用较锤击有所增加，但政策处理简单。

案例十四　非自重湿陷性黄土区域地基处理方案优化

黄土地基的湿陷性是黄土地区的典型工程地质问题，工程中需根据湿陷性等级采取有效地基处理措施。本案例以 K 1000KV 变电站为例，针对湿陷性黄土遇水固结沉降大，物理力学性质不稳定等难点，分析比选了非自重湿陷性黄土地基的处理措施，提出了采用PHC管桩联合部分灰土换填的处理方案，使地基满足承载力和稳定的要求，为后续类似工程提供了实践经验。

基本情况

K 1000kV变电站站址地貌属华北冲洪积平原地貌，海拔为24.10～25.73m，地形平坦、开阔，地势总体趋势自西北向东南略有倾斜。站址区域地震基本烈度为Ⅶ度，地震加速度为0.10*g*。场地土类型为中硬土，覆盖层厚度大于5m，建筑场地类别为Ⅱ类；属抗震一般地段。

场地平整后，全站建构筑物及各级配电装置等均位于场地浅填方区域。站址土层普遍存在厚度不等的黄土类土，厚度一般在5.0～8.0m之间，该土层普遍具有湿陷性。场地属非自重湿陷性黄土场地，湿陷起始压力为70～200kPa。按标准压力下，基础埋深为2.0m时，探井勘探点的湿陷量计算值为17.3～81.3mm，湿陷等级为Ⅰ级（轻微）。(2)层砂层顶为湿陷性黄土下限，湿陷性土层厚度为4.70～8.40m，其对应高程为20.21～17.15m。

未经处理的湿陷性黄土层不能直接作为建构筑物的地基持力层，须消除或部分消除湿陷性并提高地基承载力。

研究分析过程

针对本工程非自重湿陷性黄土的特点，以安全可靠、节约工期、合理造价为目标，并考虑施工设备、施工进度、材料来源和当地环境等因素，可采用的湿陷性黄土地基处理方案主要有强夯法、换填灰土垫层联合局部强夯法以及预制高强混凝土管桩基础，以下分别说明几种方案的研究分析过程。

（1）强夯法。强夯法的优点：适用范围在地下水位以上，处理土壤饱和度小于或等于60%的湿陷性黄土，可局部或整片处理，可处理的湿陷性黄土层厚度为3～12m，效果显著，施工机具简单，施工较为方便，无需任何化学处理剂，局部处理施工周期较短，加固费用较低。其缺点在于：深层加固对设备和机具性能要求高，全站处理时振动和噪声影响较大。场地地下水位较高时，在一定程度上影响施工或夯实效果。

如果全站采用强夯，外购土量较大，需要做好充分的调查和准备工作。并且，根据规范要求在大面积工程强夯之前需要进行试夯工作，以确定强夯施工达到设计指标的各项技术参数、方法及调整措施，在一定程度上影响工期。

地基土天然含水量对于强夯法处理湿陷性黄土地基至关重要，土的天然含水量宜低于塑限含水量1%～3%。

站址所处地区，春季干旱多风，夏季炎热多雨，秋季凉爽，冬季寒冷少雪，四季分明。根据水文气象报告等资料，该地区多年年平均降雨量为500mm，多年年平均降雨天数为65d，降雨季节集中，每年7、8月降雨较多，10月～次年4月降雨较少，见表5－14－1。

表5－14－1　　多年逐月平均降雨量

月份	1	2	3	4	5	6	7	8	9	10	11	12
平均降水量（mm）	2.0	4.8	8.0	17.1	32.6	64.0	172.2	188.7	43.1	21.4	10.5	3.1

场地平整、湿陷性黄土地基处理建议选在旱季时节，地基处理质量比较容易保证。但是如果由于某些不可控制的因素而需要在6～9月进行地基处理时，将面临雨季施工的问题。

雨季施工时，地基土含水率较高是强夯面临的主要问题。本工程地基土主要由粉质黏土、粉土、砂土等组成，其中黏土遇水后含水量将增大，甚至可能形成饱和黏土。如采用掺入生石灰或碎石的方式降低含水率，都将大幅增加投资，影响工期，且处理效果受到多因素的影响而不能保证完全达到预期。

综上所述，不推荐强夯法作为本站的地基处理方案。

（2）换填灰土垫层联合局部强夯法。在处理湿陷性黄土地基的工程建设中，采用换填灰土垫层法处理基底下湿陷性黄土的湿陷量已被广泛采用。

按《湿陷性黄土地区建筑规范》（GB 50025—2004）中第6.1.4条及6.1.5条第一款规定，对单层丙类建筑可不处理地基，对乙类建筑，最小处理厚度不应小于地基压缩层深度的2/3，综合考虑部分建构筑物的重要性以及对沉降量的要求，对站区内的主控通信楼、各级继电器室、配电室、站用电室以及备品备件库、1000kV构架等建（构）筑物下湿陷性黄土地基采用换填灰土垫层法处理，对其他建构筑物如GIS基础下地基可采用强夯法处理。

强夯法已在前一种方案中详述，由于对含水率要求较高，且易受雨季施工的影响，最终处理效果可能无法达到预期。换填灰土垫层法当仅要求消除基底下1～3m湿陷性黄土的湿陷量时，宜采用局部（或整片）土垫层进行处理，当同时要求提高垫层土的承载力及增强水稳性时，宜采用整片灰土垫层进行处理。

由于压实机械所限，分层回填碾压对于填料含水率要求也较为严格。当填土含水率较高时，压实机械无法通过压实作用排除孔隙水。晾晒处理则将大幅增加工期。因此，雨季施工时分层回填碾压处理填土也会增加工期。

综上所述，不推荐换填灰土垫层联合局部强夯法作为本站的地基处理方案。

（3）预制高强混凝土管桩基础。PHC 桩基是地基处理的常用方式之一，可用于处理饱和软土、湿陷性黄土等地基，主要具有优点为：单桩承载力高；设计选用范围广；单桩承载力造价便宜；运输吊装方便，接桩快捷；施工速度快，工效高，工期短。

结合本站条件，场地上部黄土层深度较大，但整个场地土层分布较为均匀，同时考虑工期要求，适宜采用预制桩。PHC 桩在生产过程、运输吊装、施工检测、雨季施工等方面具有很多优点，本工程桩基持力层均为砂层，PHC 桩具有强度高、易打入等优点，综合而论，本工程桩基选用 PHC 桩。

设计方案

为确保建筑场地建构筑物地基基础安全，根据《湿陷性黄土地区建筑规范》（GB 50025—2014）中第 5.1 节相关要求，对站址场地内差异性湿陷敏感以及基底超过湿陷起始压力值的重要建（构）筑物所在场地区域采用 PHC 桩基础地基处理方案。根据对各建（构）筑物基底压力的分析和各建（构）筑物对差异沉降的敏感性，对全站场地分区域采用不同方式进行地基处理。

结合本工程具体情况，采用的湿陷性黄土地基处理方案为：对于场地内乙类建筑采用预制高强混凝土管桩基础，对场地内丙类建筑采用灰土换填方式处理。

（1）PHC 桩基方案设计。考虑采用 400、500mm 直径预制高强混凝土管桩，桩长进入（2）层细砂、中粗砂层按照 4～5m 考虑，根据勘测提供桩基技术参数及《桩基技术规范》（JGJ 94—2008），计算单桩竖向承载力特征值约为 475、600kN。

由于是挤土桩，按照相关规范要求，桩距建议大于 5 倍桩径，初步取为 2.5～3.5m。桩端持力层暂定为下部砂土层，桩基持力层砂层起伏变化较小，桩长初步确定为 12～13m。

1100、500kV GIS 组合电器等均为重要设备，且对不均匀沉降较敏感，因此桩基设计等级确定为甲级，设计时可以采用经验参数估计单桩竖向承载力，但最终的单桩竖向极限承载力必须通过现场单桩静载试验确定。试桩数量以试桩大纲为准，必要时应按照规范相关要求在现场通过单桩竖向承载力静载荷试验测定。

桩采用静压式或锤击式施工方法，施工前需进行试桩，以确定沉桩方案。桩基础在施工过程中将产生一定程度的噪声和振动，根据工程经验，初步判断本工程桩基施工安全距离满足要求。但施工单位在施工前仍应做好桩基施工振动、噪声可能对周围环境、居民、工程、设施设备和工作生产造成的影响及风险的评估，并与当地环保部门沟通联系和备案，制定防护措施。

（2）灰土垫层方案设计。灰土垫层采用分层碾压施工，其施工质量应用压实系数 λ_c 控制，并应符合下列规定：小于或等于 3m 的灰土垫层，不应小于 0.95；大于 3m 的灰土垫层，其超过 3m 部分不应小于 0.97。

垫层厚度宜从基础底面标高算起。施工灰土垫层，应先将基底下拟处理的湿陷性黄土挖出，并利用基坑内的黄土或就地挖出的其他黏性土作填料，灰土应过筛和拌和均匀，然后根据所选用的压实设备，在最优或接近最优含水量下分层回填、分层压实至设计标高。本工程考虑区域内整片换填处理与单个基础换填相结合的方式。

灰土垫层中的消石灰与土的集体配合比，暂定采用 3:7。当无试验资料时，灰土的最优含水量，取该场地天然土的塑限含水量为其填料的最优含水量。

压实机械当整片处理时可以采用振动碾压机，工作质量为 180kN，激振力为 380kN，振动频率为 30Hz；碾压工作速度为 2.0km/h；碾压遍数一般采用 6～8 遍，也可根据实际情况适当增加，以满足填土压实系数的要求。当单个基础换填时，可采用普通压实机械分层碾压。

灰土垫层的承载力特征值，应根据现场原位（静载荷或静力触探等）试验结果确定。当无试验资料时，对灰土垫层不宜超过 250kPa。

灰土垫层的施工质量由压实系数控制，还需要控制填料的最优含水量，严格控制施工质量是关键。另外，换填灰土垫层法本期只处理重要建（构）筑物基础，远期扩建基础施工时需要部分开挖，对本期已建建（构）筑物和变电站运行会产生一定影响。

实施情况与经验体会

站址区域采用 PHC 桩联合局部灰土换填的地基处理方案，对非自重湿陷性黄土的地基处理效果良好，施工效率高，受雨季的影响较小，且本期和远期地基处理均一次完成，可节约工期。

结合 K 1000kV 变电站的地基处理方案，主要有以下结论：

（1）地基处理方案的选择应充分考虑到当地相关政策和原材料供应情况，因地制宜；

（2）加强与业主、施工、监理等单位的沟通，充分考虑到站址工期安排及雨季施工的问题。

案例十五　软土地基深基坑支护方案

深基坑支护时，基坑侧壁的稳定性直接影响到周围环境安全以及地基的承载力。本案例以 A 1000kV 变电站为例，针对软土地基地区用地紧张的深基坑支护问题，采用钢板桩进行支护，加入内支撑控制变形以减少钢板桩的变形。

基本情况

（1）工程概况。A 1000kV 变电站站内事故油池、雨水泵坑（1 号雨水泵坑）及 GIS 过道路沟道专用雨水泵坑（2 号雨水泵坑）的施工基坑开挖最大深度为 8.51m。为了给事故油池、雨水泵坑及 GIS 过道路沟道专用雨水泵坑的施工创造条件和保证施工安全，更为重要的是要保护周边环境不受危害，需对基坑进行支护。

1）事故油池。事故油池位于站区主道路南侧，西侧靠近雨水泵坑，南靠近电缆沟，东侧靠近 1000kV 构架基础及雨水管道。事故油池属地下构筑物，采用钢筋混凝土箱形结构，基坑挖深为 7.31m，基底位于④粉质黏土层。

2）雨水泵坑。雨水泵坑共两个，1 号雨水泵坑位于站区主道路南侧，西侧靠近 1000kV 构架，南靠近电缆沟，东侧靠近道路；2 号雨水泵坑位于站区主道路南侧，西侧靠近主道路，南靠近电缆沟，东侧靠近事故油池。1 号雨水泵坑基坑挖深为 7.70m，2 号雨水泵坑基坑挖深为 7.25m。基底位于④粉质黏土层。平面布置如图 5－15－1 所示。

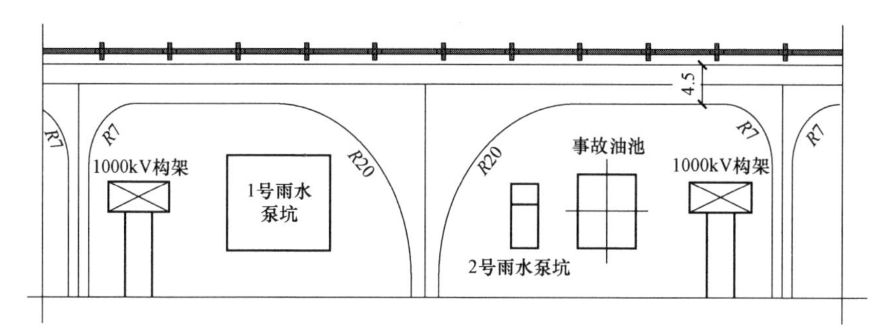

图 5－15－1　事故油池、雨水泵坑平面布置

（2）场地建筑环境及地质条件。

1）地形地貌。站址地形较平坦，局部破碎，分布有成片的鱼塘。站址四周水系发育，交通较便利。目前站址区均为农田，主要种植水稻等农作物。站址区的地貌单元均为冲、湖积平原总的地势为西北高东南低。

2）地层岩性。依据《岩土工程勘察报告》，事故油池、雨水泵坑及 GIS 过道路沟道专用雨水泵坑区域地基土分布情况概述如下：

① 粉质黏土（Q4al）：灰褐色，褐色，等级中，很湿～饱和，软塑，含氧化铁，局部混少量腐殖物，稍有光滑，干强度和韧性中等。事故油池、雨水泵坑及 GIS 过道路沟道专用雨水泵坑区域层底标高约为 1.0m。

② 淤泥质粉质黏土（Q4al+l）：灰色，褐灰色，等级中～轻，饱和，流塑～软塑状态，含少量有机质，混少量腐殖物，稍有光滑，干强度和韧性中等，局部夹薄层粉土，层理清楚。事故油池、雨水泵坑及 GIS 过道路沟道专用雨水泵坑区域层底标高约为 4.2m。

③ 粉质黏土（Q4al）：灰黄色，褐黄色，等级中～重，很湿～饱和，可塑～软塑，含氧化铁，混少量铁锰质结核，干强度和韧性中等～高。事故油池、雨水泵坑及 GIS 过道路沟道专用雨水泵坑区域层底标高约为 10.0m。

④ 粉土（Q4al）：黄灰色，灰色，等级中，很湿，稍密为主，含氧化铁和云母碎屑，摇震反应中等，干强度和韧性低，颗粒组成均匀，局部夹薄层粉质黏土，层理明显。事故油池、雨水泵坑及 GIS 过道路沟道专用雨水泵坑区域层底标高约为 13.8m。

⑤ 粉质黏土（Q3al）：粉质黏土为灰色，褐灰色，等级中，很湿，软塑，含氧化铁，局部混少量铁锰质结核，稍有光滑，干强度和韧性中等；局部夹粉土薄层，粉土为灰色，黄灰色，等级中，很湿，稍密，含氧化铁和云母碎屑，摇振反应中等，干强度和韧性低，颗粒组成均匀。事故油池、雨水泵坑及 GIS 过道路沟

道专用雨水泵坑区域层底标高约为17.1m。

3）水文地质条件。根据区域水文地质资料及勘测报告结构，站址区地下水类型主要为孔隙潜水，地下水水位呈季节性变化。勘测期间测得的地下水稳定水位埋深一般为0.20～0.50m，其地下水直接与地表水连接，水深约为1m左右。站址区地下水常年稳定水位埋深的变化幅度一般为1.00～1.50m。

本工程场地广泛分布了一层淤泥质粉质黏土（③层），埋藏于地表下 0.7～5.0m，厚度变化较大，厚度为1.8～12.3m；局部地段分布有淤泥呈灰黑色，从地层埋藏条件来看，埋藏于地表下0.0～1.3m，厚度变化较大，厚度为0.7～2.5m，主要分布于鱼塘底部和鱼塘、沟渠改造所致。其工程特性具高压缩性、低强度、高灵敏度和低透水性。

研究分析过程

本基坑重要性等级为二级。事故油池基坑长为11.90m，宽为11.90m，深度分别为7.71m及8.51m；1号雨水泵坑基坑长为20.25，宽为16.18m，深度分别为3.20m及 7.75m；GIS 过道路沟道专用 2 号雨水泵坑基坑长为 10.45m，宽为 7.60m，深度分别为2.50m及7.60m。

（1）基坑开挖卸荷及变形破坏机理分析。对基坑而言，由于开挖过程都将改变了坡体的应力环境，进而引起边坡岩土体的变形，从而导致边坡岩土体物理力学指标的变化，降低边坡的稳定性。为了研究开挖过程对边坡稳定性的影响，拟模拟不同开挖边坡各部位应力分布状况、变形情况及边坡的稳定性程度，为基坑的优化设计提供依据。

（2）基坑设计计算。考虑到弹性支点法能够较好地预估支护结构的变形，并考虑变形结算结构内力，其计算结果更接近实际测试结果。弹性支点法目前是我国工程界中应用较广泛的计算挡土结构内力方法。

（3）基坑支护措施。

1）基坑支护型式的优化设计。在工程地质勘查和调查的基础上，根据基坑侧壁放坡空间的大小，采用前述的数值模拟和稳定性评价以及工程地质类比等综合手段，深入系统地研究不同地层岩性和结构的岩土体的最优坡率及其组合形式，确定基坑侧壁的最优开挖面。

2）基坑支挡型式的设计。根据基坑所取的位置、可占用的空间、岩土体分布情况、坡顶及坡脚荷载分布情况、地基承载力等对基坑可用的支护结构进行选取，进而确定合适的基坑支护结构。

3）基坑放排水方案设计。当场地内有地下水时，应根据场地及周边区域的工程地质条件、水文地质条件、周边环境情况和支护结构与基础形式等因素，确定地下水控制方法。

设计方案

事故油池、雨水泵坑周边用地紧张，且其他建（构）筑物的基础均已施工，应严格控制深基坑开挖对周边环境的影响。事故油池、雨水泵坑基坑考虑采用钢板桩进行支护，可加入内支撑控制变形以减少钢板桩的变形。钢板桩施工较为简单、经济且施工效率较高，考虑到深基坑区域地层渗透性较低且周边近距离范围无人口居住及工业活动，可不考虑钢板桩的止水性能差及打桩噪声影响等缺点。事故油池、雨水泵坑基坑靠近站区道路、电缆沟、1000kV 构架基础，为满足施工要求，减少对基坑周围构筑物的影响，基坑四面采用长 15m 的 V 型拉森钢板桩支护，中间加设一道双拼型钢支撑。结合轻型井点降水，基坑底四角各设一个 400mm×400mm×400mm 的集水坑，四周设 200mm×200mm 深明沟，用于雨天基底排水。基坑上口外侧 1m 外设置红白高防护栏杆。坑口一侧设置临时上人通道，基坑上部四周设置排水沟，防止场地雨水通过边坡流入基坑。为防止在基坑开挖及基础施工过程中产生边坡滑移或坍塌等事故的发生，离边坡 5m 范围内严禁作任何物资堆放及行驶车辆(土方机械和车辆除外)。机械挖土严禁直接挖至设计基础底标高，留置 10～20cm 层厚的土层由人工铲底修挖，避免造成对基底土质扰动。修挖时由施工员用水准仪跟测。基坑开挖完成，尽量缩短其暴露时间，及时填报“地基验槽记录”“隐蔽工程验收记录”，业主、设计、地勘、监理单位应进行“地基验槽”，当上述单位确认地基符合隐蔽要求并在相关验收单上签字后迅即组织下一道工序，防止基坑底部土体隆起。

以 1 号雨水泵坑为例说明边坡稳定计算。

（1）基本设计参数。该基坑设计总深 7.70m，按二级基坑、选用《建筑基坑支护技术规程》（JGJ 120—2012）进行设计计算，计算断面编号：1。土层参数表见表 5－15－1。

表 5－15－1　　　　土 层 参 数 表

序号	土层名称	厚度（m）	γ（kN/m^3）	c（kPa）	ϕ（°）	m（MN/m^4）	分算/合算
1	① 杂填土	0.90	18.0	10.00	10.00	2.0	分算
2	② 粉质黏土	2.50	19.0	29.60	13.80	5.4	分算
3	③ 淤泥质粉质黏土	3.50	18.6	21.30	11.00	3.4	分算

续表

序号	土层名称	厚度（m）	γ（kN/m³）	c（kPa）	ϕ（°）	m（MN/m⁴）	分算/合算
4	④ 粉质黏土	5.90	18.6	14.50	21.10	20.0	分算
5	⑤ 粉土	3.70	19.1	20.80	9.30	2.9	分算

地下水位埋深：0.50m，地面超载：20.0kPa。

（2）开挖与支护设计。基坑支护方案如图 5-15-2 所示。

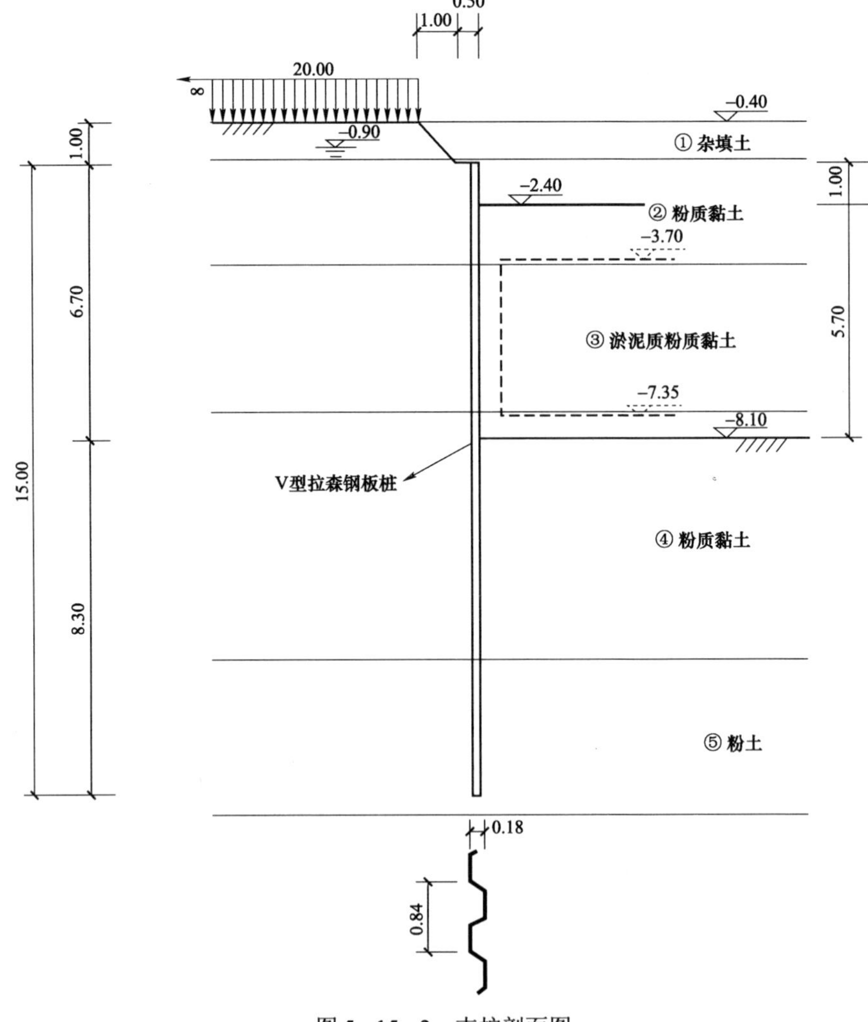

图 5-15-2　支护剖面图

1）挡墙设计。

① 挡墙类型：钢板桩；

② 嵌入深度：8.45m；

③ 露出长度：0.000m；

④ 型钢型号：拉森 V 型；

⑤ 桩间距：840mm。

2）放坡设计。坡面尺寸，坡高为 1.00m、坡宽为 1.00m、台宽为 0.50m。

程序计算时根据《建筑基坑支护技术规程》（JGJ 120—2012）将支护顶部放坡对支护结构的影响分为不同等级进行计算。

3）支撑（锚）结构设计。本方案设置 1 道支撑（锚），各层数据如下：

第 1 道支撑（锚）为平面内支撑，距墙顶深度为 1.0m，工作面超过深度为 0.3m，预加轴力为 100kN/m。该道平面内支撑具体数据如下：

① 支撑材料：钢支撑；

② 支撑长度：13.40m；

③ 支撑间距：6.00m；

④ 与围檩之间的夹角：45°；

⑤ 不动点调整系数：0.50；

⑥ 型钢型号：H500×300；

⑦ 根数：2；

⑧ 松弛系数：1.0。

计算点位置系数：0.000。

4）换（拆）撑设计见表 5－15－2。

表 5－15－2　　换（拆）撑设计表

序号	换撑距墙顶深度（m）	换撑后拆除的支撑	预加轴力（kN/m）	换撑对桩墙的约束效果
1	6.95		0.00	水平：固定 转动：自由
2	3.30	第 1 道支撑	0.00	水平：20MN/m/m 转动：20MN/弧度/m

5）工况顺序。依据站址土质情况及钢板桩入土深度，钢板桩打入后首先开挖至－2.70m 标高处（坑深 2.30m）；随后在－2.4m 标高处（坑深 2.00m）安装第一

道内水平支撑；待第一道支撑完毕，钢板桩稳定后，继续开挖至－8.10m 标高处（坑深 7.50m）；在－7.5m 标高处完成换撑，随后进行雨水泵坑本体施工；施工至－3.70m 标高处（坑深 3.30m）时进行第二次换撑；最终完成雨水泵坑施工，拆除顶部－2.4m 标高处支撑。

该基坑的施工工况顺序如图 5－15－3 所示。

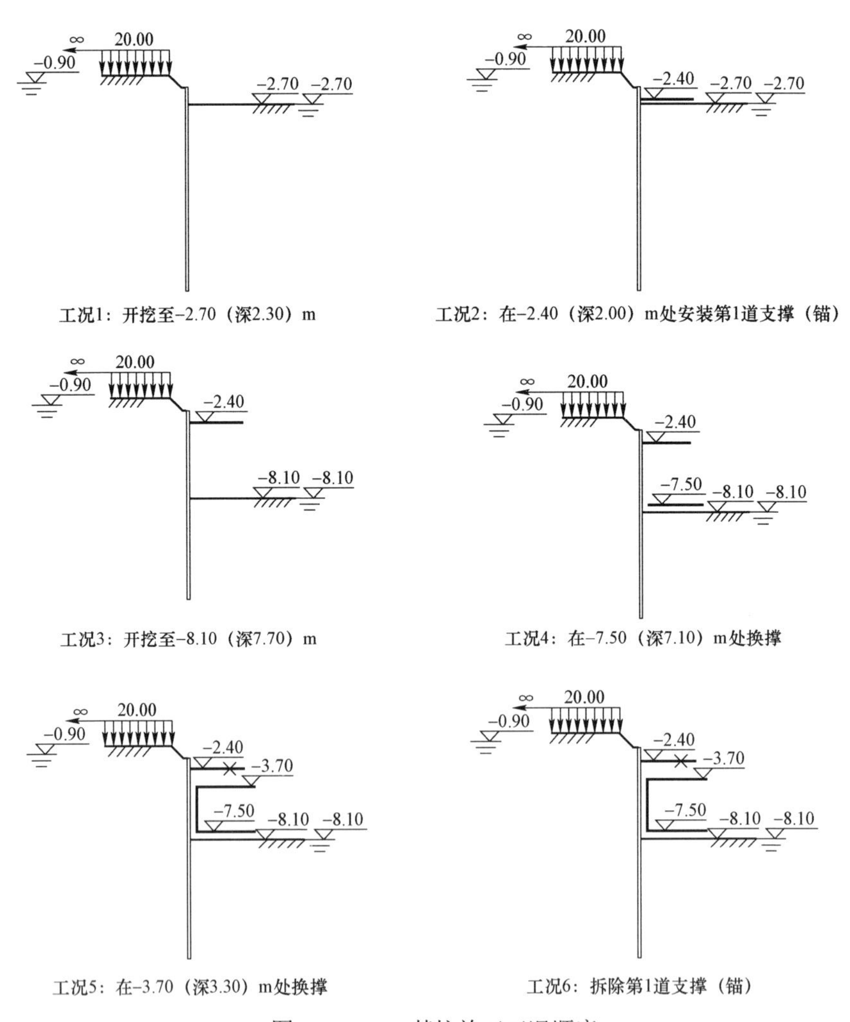

图 5－15－3　基坑施工工况顺序

6）结构设计。经内力变形、整体稳定、坑底/墙底抗隆起、抗倾覆、地表沉降等计算后，基坑围护桩平面及剖面布置如图 5－15－4 所示。

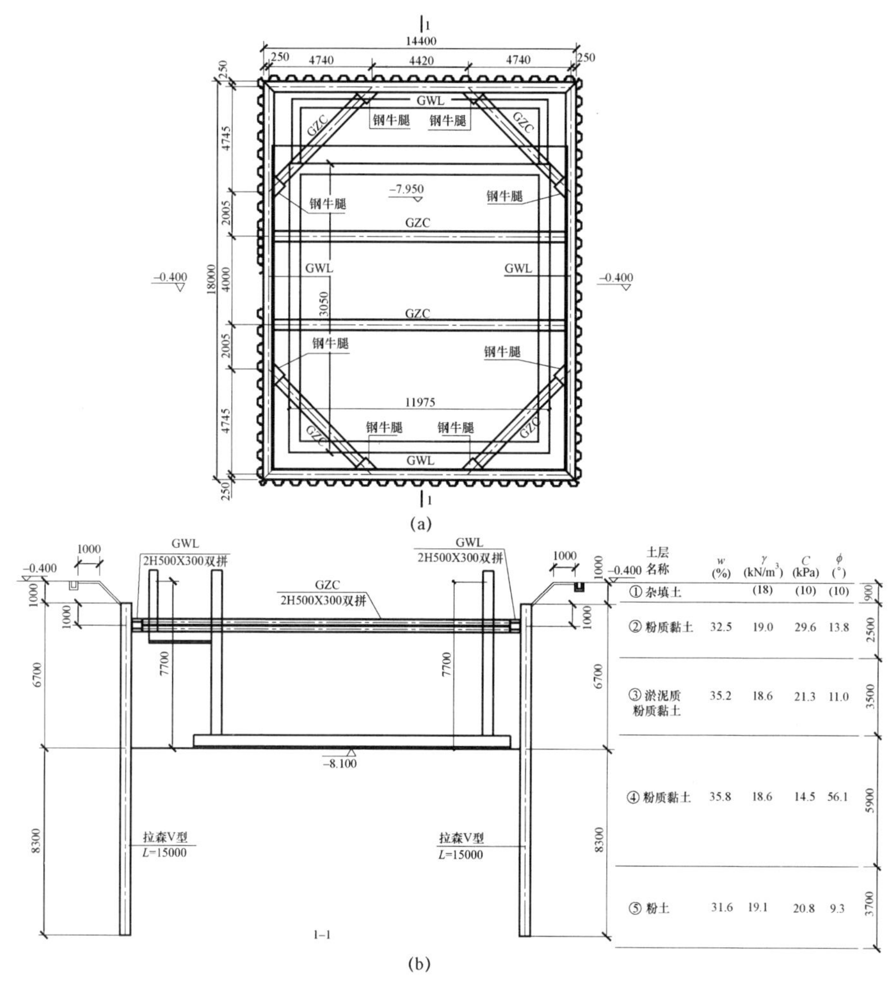

图 5－15－4　1 号雨水泵坑基坑围护桩平面及剖面布置图

（a）平面图；（b）剖面图

土层名称	w (%)	γ (kN/m³)	C (kPa)	φ (°)
① 杂填土		(18)	(10)	(10)
② 粉质黏土	32.5	19.0	29.6	13.8
③ 淤泥质粉质黏土	35.2	18.6	21.3	11.0
④ 粉质黏土	35.8	18.6	14.5	56.1
⑤ 粉土	31.6	19.1	20.8	9.3

实施情况与经验体会

（1）执行专家论证制度，做好风险事前控制。针对基坑支护工程危险性较大的特性，有针对性地组织专家论证，广泛听取专家、参建各方意见和建议。

（2）制定合理的施工顺序，重点控制土方开挖。基坑土方开挖施工顺序是基坑实施过程中一个重要控制环节，对基坑安全起到关键作用。基坑土方开挖应采用“整体合围，分层分段开挖”。即围护体系完成后方挖土，土方开挖的顺序、方法与设计工况相一致，基坑开挖严格按照“时空效应”理论分层、分段挖土，力求减小对支护结构的变形影响。

（3）结合基坑所在地的周围环境状况、地层岩土特性。实施前做好事前控制，优化基坑支护设计方案和施工方案，是基坑实施成功的前提；实施过程中做好事中控制，根据基坑监测数据和施工的实际情况及时调整施工方法和施工工艺，是基坑实施成功的保障。

案例十六　腐蚀环境下桩型优化

桩基设计应综合考虑工程地质与水文地质条件、上部结构类型、使用功能、荷载特征，并结合地方经验，因地制宜，合理选择桩型、成桩工艺和承台型式，优化布桩，节约资源。本案例以 M 1000kV 变电站为例，针对站址地下强腐蚀环境下采用预制钢筋混凝土方桩的设计方案，进行了介绍与说明，为后续类似环境下对的工程设计提供了实践经验。

基本情况

M 1000kV 变电站站址属滨海平原地貌，场地地势平坦、开阔。场地地基土属于第四系全新统海相与陆相交互沉积地层，岩性以粉质黏土、粉土和粉砂为主，场地土类型为中软土。各土层物理力学指标见表 5－16－1。

表 5－16－1　　地基土层物理力学指标推荐值

土层编号	岩土名称	状态与密实度	质量密度 ρ（g/cm³）	天然孔隙比 e	液性指数 IL	压缩模量 E_s 0.1－0.2（MPa）	直剪 黏聚力 C（kPa）	直剪 内摩擦角 Φ（°）	预制桩 极限端阻力标准值 q_{pk}（kPa）	预制桩 极限侧阻力标准值 q_{sik}（kPa）	承载力特征值 f_{ak}（kPa）
（1－1）	粉土	中密	1.90	0.81		7	5	20	2.0	27	130
（2－2）	粉质黏土	软塑	1.80	0.98	0.87	3	12	10	0.59	29	80
（3－2）	粉质黏土	软塑	1.80	0.98	0.87	3	12	10	0.57	22	80
（3－3）	粉质黏土	可塑	1.90	0.90	0.68	4	16	12	0.86	18	110
（4－2）	粉土	中密	1.92			7	5	20	2.3	32	130

续表

土层编号	岩土名称	状态与密实度	质量密度 ρ（g/cm³）	天然孔隙比 e	液性指数 IL	压缩模量	直剪		预制桩		承载力特征值 f_{ak}（kPa）
						E_s 0.1－0.2（MPa）	黏聚力 C（kPa）	内摩擦角 Φ（°）	极限端阻力标准值 q_{pk}（kPa）	极限侧阻力标准值 q_{sik}（kPa）	
（4－3）	粉土	密实	1.95			10	10	25	4.2	45	200
（5－3）	粉质黏土	可塑	1.92	0.90	0.46	6	30	15	1.5	26	150
（5－4）	粉质黏土	硬塑	1.95	0.88	0.22	9	45	22	2.8	84	250
（6－3）	粉砂	密实	2.00					30	12	148	250
（7－3）	粉砂	密实	2.00					30	13	150	260
（8－4）	粉质黏土	硬塑	1.95	0.68	0.22	9	45	22	2.2	62	250

站址地下水位埋深2.2～3.0m，为第四系孔隙潜水，主要接受大气降水补给，主要靠渗透与蒸发排泄。

在Ⅱ类环境下，场地土及回填土对混凝土结构均具弱腐蚀性，对钢筋混凝土结构中的钢筋均具中等腐蚀性；在Ⅱ类环境干湿交替作用情况下，地下水对混凝土结构具强腐蚀性（腐蚀介质为SO_4^{2-}），对钢筋混凝土结构中的钢筋具强腐蚀性（腐蚀介质为Cl^-）。

研究分析过程

由于本工程地下水对混凝土结构具有强腐蚀性，根据《工业建筑防腐蚀设计规范》（GB 50046—2008）中第4.9节，在强腐蚀环境下，不应采用混凝土灌注桩和预应力混凝土管桩，同时鉴于本工程场地土为中软土，本工程桩型选用预制钢筋混凝土方桩。

根据《建筑地基基础设计规范》（GB 50007—2011）中第8.5.12条：腐蚀环境中的抗拔桩和受水平力或弯矩较大的桩应进行桩身混凝土裂缝验算，裂缝控制等级应为二级。即混凝土桩身不出现裂缝。

预制钢筋混凝土方桩在施工吊装阶段，吊装弯矩将使桩身产生裂缝。以JAZHb－245－1010C桩为例，桩身采用C40混凝土，配置8根直径20的三级钢，混凝土保护层厚度为50mm，单节桩长为10m，经计算，采用一点吊装法最大吊装弯矩标准值理论计算的最大裂缝宽度为0.012mm。

对于1000kV和500kV构架等受水平荷载较大的结构，为解决基桩吊装裂缝和抗拔桩不允许出现裂缝的矛盾，需设置较大尺寸承台，以承台及其上覆土自重抵抗拔力，基桩不出现拔力，按抗压桩设计。以 1000kV 构架基础为例，出线构架中柱基础需设置 10m×8m×1.2m 承台，出线构架边柱及进线构架基础需设置 8m×6m×1.2m 承台，承台工程量较大。

为解决基桩吊装裂缝和抗拔桩不允许出现裂缝矛盾的同时，优化桩基承台尺寸，结合工程实践经验，设计提出选用一种新型桩，即增设预应力筋的预制方桩。

《建筑桩基技术规范》（JGJ 94—2008）中第 3.5.3 条和第 5.8.8 条的要求“在荷载效应准永久组合下不应产生拉应力”，并建议“对于严格要求不出现裂缝的一级和一般要求不出现裂缝的二级裂缝控制等级基桩，宜设置预应力筋”。《混凝土结构设计规范》（GB 50010—2010）第 8.1.1 条条文解释，混凝土构件在满足荷载效应标准组合下的拉应力不大于混凝土轴心受拉强度标准值的情况下，出现裂缝的概率约为 5%。增设预应力钢筋的做法灵活应用了现行国家和行业规范的建议，更好地适应了规范的要求。

在预制钢筋混凝土方桩内设置部分预应力钢筋，避免了常规预制方桩在腐蚀环境下只能受压、不能受拔的缺点，基桩可以按抗拔桩设计，同时，弥补了基桩在弯矩作用下易出现裂缝的缺点。此方案能有效控制基桩裂缝，增加基桩的抗拉和抗弯能力，优化 1000kV 和 500kV 构架等受水平荷载较大结构的基础承台尺寸和基桩数量。

另外，增设预应力钢筋的方桩集合了预制钢筋混凝土桩和预应力混凝土管桩的特点，其为实心桩，且混凝土标号高，混凝土内部结构密实，混凝土防腐性能更强；由于设置了预应力筋，可严格控制不出现裂缝，提高了对桩中钢筋的防护。

经调研，增设预应力钢筋的预制方桩可采用预应力混凝土实心方桩生产工艺，与预制钢筋混凝土方桩相比，虽然混凝土标号提高（C40 提高到 C60），增设预应力筋，增加了部分材料成本；但普通钢筋可适当减少，且其工业化、标准化生产，可减少了人工成本，两种桩型费用基本相当，且预应力方桩桩身质量更易保证。

增设预应力钢筋前后预制方桩技术条件对比见表 5－16－2。

表 5－16－2　增设预应力钢筋前后预制方桩技术条件比较表

序号	项目	预制钢筋混凝土方桩	增设预应力钢筋预制方桩
1	混凝土强度等级	C40	C60
2	钢筋配置	8Φ25	4Φ25＋12$Φ^{D}$10.7

续表

序号	项目	预制钢筋混凝土方桩	增设预应力钢筋预制方桩
3	桩身抗裂弯矩	不适用	105kN
4	裂缝控制抗拉承载力标准值	不适用	599kN（一级裂缝控制）

以 1000kV 构架基础为例，增设预应力钢筋前后桩基的技术经济（预算定额价）比较见表 5－16－3。

表 5－16－3　　1000kV 构架基础采用不同桩型的技术经济比较表

基础类别	预制钢筋混凝土方桩			增设预应力钢筋预制方桩			备注
	方案描述	单个基础工程量	单个基础费用	方案描述	单个基础工程量	单个基础费用	
出线构架中柱	10m×8m×1.2m 承台；12 桩，桩长 20m；C40 预制方桩，配 8d20 三级钢	承台 C35 钢筋混凝土：96m³；桩 C40 混凝土：48.6m³	约 23 万元	8m×5m×1.2m 承台，8 桩，桩长 20m；C60 预制方桩，配 8d20 三级钢，增设 8d10.7 预应力钢筋	承台 C35 钢筋混凝土：48m³；桩 C60 混凝土：32.4m³。预应力钢棒：0.90t	约 17 万元	共 8 基
出线构架边柱	8m×6m×1.2m 承台；8 桩，桩长 20m；C40 预制方桩，配 8d20 三级钢	承台 C35 钢筋混凝土：57.6m³；桩 C40 混凝土：32.4m³	约 14 万元	6m×5m×1.2m 承台，6 桩，桩长 20m；C60 预制方桩，配 8d20 三级钢，增设 8d10.7 预应力钢筋	承台 C35 钢筋混凝土：36m³；桩 C60 混凝土：24.3m³。预应力钢棒：0.68t	约 11 万元	共 8 基
进线构架柱	8m×6m×1.2m 承台；8 桩，桩长 20m；C40 预制方桩，配 8d20 三级钢	承台 C35 钢筋混凝土：57.6m³；桩 C40 混凝土：32.4m³	约 14 万元	6m×4m×1.2m 承台，6 桩，桩长 20m；C60 预制方桩，配 8d20 三级钢，增设 8d10.7 预应力钢筋	承台 C35 钢筋混凝土：36m³；桩 C60 混凝土：24.3m³。预应力钢棒：0.68t	约 11 万元	共 8 基
费用合计	约 408 万元			约 315 万元			

从表 5－16－3 可以看出，增设预应力钢筋预制方桩方案比常规预制钢筋混凝土预制方桩方案节省约 93 万元。

设计方案

M 1000kV 变电站工程 1000kV 构架、500kV 构架、主变构架、独立避雷线塔等受水平荷载较大的结构基础采用增设预应力钢筋的预制方桩，基桩按抗拔桩设计。

抗拔桩接桩采用“上长下短”，上节桩为12m，下节桩为8m。基桩截面尺寸为450mm×450mm，混凝土强度等级采用C60，预应力钢筋采用1420MPa 35级延性低松弛预应力混凝土螺旋槽钢棒，基桩截面配筋如图5－16－1所示。

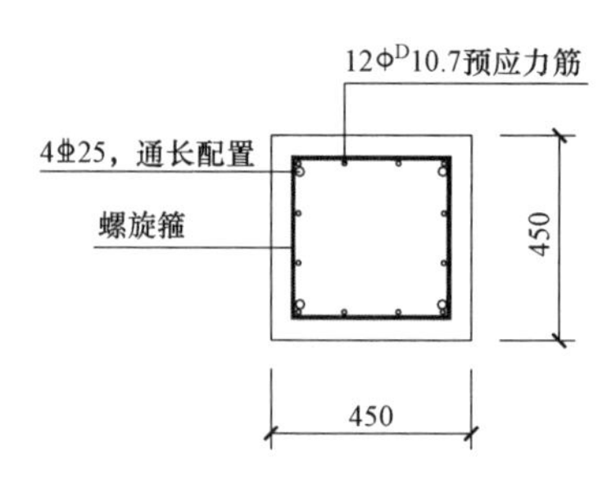

图5－16－1　预应力预制方桩截面配筋图

基桩工厂化生产，采用后张法工艺，放张预应力钢筋时，桩身的立方体抗压强度不小于45MPa，桩身混凝土有效预压应力不小于4MPa。

基桩桩身裂缝控制等级为一级，即严格控制不出现裂缝，在荷载效应标准组合下混凝土不产生拉应力。基桩采用两点吊装，吊装最大弯矩小于桩身抗裂弯矩，满足吊装要求；桩身抗拔承载力设计值810kN，对于1000kV构架、500kV构架、主变压器构架、独立避雷线塔等受水平荷载较大的结构，充分发挥基桩抗拔性能，可有效减小基础承台尺寸，减少基桩数量。

实施情况与经验体会

采用增设预应力筋的预制方桩，有效控制基桩裂缝，提高桩身防腐性能，增加基桩的抗拔和抗弯能力，优化1000kV构架、500kV构架、主变压器构架、独立避雷线塔等受水平荷载较大结构的基础承台尺寸和基桩数量。

今后工程如遇腐蚀环境，对于受水平荷载较大结构（如构架、独立避雷针）的桩基础，本案例提供的桩基选择方案可供参考。

大件运输篇

就运输而言，特高压变电站中的大件设备主要是指主变压器和高压并联电抗器。主变压器、高压并联电抗器等设备的重量、运输尺寸远大于其他设备，受现有铁路和公路运输限界尺寸以及桥梁承载能力的限制，对运输车辆、道路状况及设备装卸均提出了更高要求。

大件设备通常采用的运输方式有公路运输、铁路运输和水路运输三种。公路运输适用于运距较短，路况和桥况较好的情况；铁路运输方式受限于铁路涵洞的尺寸及列车宽度；水路运输方式对设备运输重量和尺寸的限制相对较低，条件许可时应优先考虑采用此种运输方式。

本章选取了大件运输方案优化和变压器解体运输两个典型案例，为今后的大件运输方案制定提供设计参考。

案例一　大件运输方案优化

主变压器、并联电抗器等设备的重量大、运输尺寸大。本案例为F 1000kV变电站运输方案，分析了特高压变电站大件运输中的设计原则、难点等。

基本情况

F 1000kV变电站位于丽水市西某村附近，站址邻近金丽温高速、G330国道、S333省道、X015县道（桃碧线）等公路。公路交通运输条件尚属方便。

站址附近有金温铁路通过，但该铁路沿线隧道多，曲线半径小，F 1000kV变电站主变压器的运输参数已超出铁路运输限界，金温铁路运输大件设备受到制约。

水运方面，青田县温溪以下的瓯江为Ⅲ级航道，能通行1000t级船舶。青田县温溪至青田县东的瓯江航段（约15km）技术定级Ⅳ级，现状等级Ⅴ级，平潮能通行500t级船舶，涨潮时乘潮航行，可通过1000t级船舶。青田县以东瓯江中上游河道，目前不具备通航条件。

F 1000kV变电站主变压器和高压并联电抗器运输尺寸和质量见表6－1－1。

表6－1－1　大件设备运输尺寸和质量

序号	设备名称及主要参数	运输质量（t）	运输尺寸（长×宽×高，mm×mm×mm）
1	主变压器（1000MVA单相台）	388	1190×4130×4990
2	高压并联电抗器（160MVar单相台）	118	5630×3704×4900

研究分析过程

F 1000kV变电站位于丽水市，如满足大件运输条件，丽水境内水路和公路需改造工程量极大。根据前期调研，主要困难有以下几方面：

（1）工作协调难度大。F 1000kV变电站大件运输工程需要新建三个换装平台、检查疏浚数十公里的瓯江航道及检查并改造13km的公路（桥梁），工作流程需要协调沿线村镇及当地数十个政府及职能部门。

（2）沿线公路运输条件差。原设计路径需要经过的桥梁较多，穿过青田县城主城区时扰民，运输时间难以控制，空障及地下管网情况复杂，且需要拆除一处民居。

（3）水路运输方案实际困难大于调研情况。90km 的水路中有 80km 是瓯江中游从未通航过的原始水域大溪，在这样的水域里开发一条适合 1000t 级船只通行的航道较为困难；航线上还有 3 座从未使用过的船闸和 3 座横跨在河面上的高铁施工栈桥；河岸陡峭，两个换装平台的建设位置难以确定；历年的洪水冲刷和采砂作业，破坏了河道原始地貌，造成了水运方案的不确定因素。

（4）实际运输过程中还有很多不确定因素，如洪水、电站水资源配合、交通变化等，均会对大件设备运输的工作进程带来影响。

设计方案

F 1000kV 变电站主变压器运输路径为：秦皇岛某厂（装车）—秦皇岛大件码头（装船）—龙湾万吨级码头（换驳）—青田县码头（卸船装车）—F 1000kV 变电站站址，运输路线全程约 1978km。

公路运输路径为：青田县码头—S333 省道—青田县鹤城路—城西路—S333 省道—G330 国道—丽水市水东路—丽青路—城东路—丽阳街—桃碧线—进站道路—变电站站址。公路运输全程约 89km。

F 1000kV 变电站主变压器公路运输方案运距约 89km，途经 G330 国道和 S333 省道，此段道路都在狭窄的瓯江谷地，弯道多，桥梁多，硬性空障多，路况复杂，运输风险较大。运输沿线途径 27 座桥梁，包括大型桥梁 6 座，中型桥梁 12 座，小型桥梁 9 座，其中溪石大桥等 4 座桥梁的下部结构是多跨单立柱结构；小安溪大桥等 2 座桥梁为建造年代较久的石拱桥；水东大桥桥长 320m（20m/跨 × 16 跨），下游开潭水利枢纽建成蓄水后，水深较深，道路拓宽和裁弯取直改造、桥梁加固改建工程量大。

结合以往的大件运输工程经验，通过多次实地勘察，确定了利用未通航河道青田温溪—丽水西的殴江支流“大溪”进行约 90km 的水路延伸运输方案，替代 89km 的公路运输，此方案沿线无桥梁及硬性空障，降低了公路运输的难度，节约了工程投资。修改后的运输路径分三程：

第一程：大件运输车辆从三溪口水利枢纽下游约 2km 三溪口 1 号换装场地驶出，经 S333 省道至三溪口枢纽上游约 0.6km 的石溪大桥东端三溪口 2 号大件换装场地卸车装船；公路运输里程约为 2.6km。

第二程：大件运输船舶从三溪口枢纽上游装卸场地水域启航，至在建的小安溪大桥西北侧大件换装场地卸船装车；水路运输里程 68km。

第三程：大件运输车辆从在建的小安溪大桥西北侧大件换装场地驶出，经大件换装场地连接线、丽水西环路及进站道路至站址；公路运输里程 3km。

本大件运输方案的亮点：

（1）在大溪原始水域开发了一条约 90km 的适合 1000t 级船舶通行的航道并编制了详细的水路延伸运输方案。

（2）通过 3 座从未投入使用的船闸和 3 座横跨在河面上的高铁施工栈桥，克服险滩、多处浅滩和急流。

（3）三次码头换装。

实施情况与经验体会

大件运输是特高压变电站建设中的重要环节，牵涉面广、过程复杂、作业风险高、协调难度大。通过对 F 1000kV 变电站大件运输工作的总结，大件运输过程中的试运（试航）工作非常重要，对特殊地段建议适当增加试运（试航）以降低实际运输过程中的风险。

本案例在以下几个方面值得注意与借鉴。

（1）加强与属地相关职能部门的沟通协调。

（2）根据运输条件与外部环境因地制宜，采取合理的运输方式。

（3）做好充分的前期调研工作。

（4）发挥运输团队优势，细致协助。

案例二　主变压器解体运输实施方案

主变压器解体运输是将主变压器本体拆解运输至变电站，现场组装后安装就位的一种运输方式。本案例对主变压器解体运输与整体运输方案进行对比，在后续特高压工程建设中，为主变压器运输提出了新的解决思路。

基本情况

H 1000kV 变电站位于山西省晋中市南 59km 处的洪善镇。附近公路运输条件发达，站址附近有 X013 乡道和 X373 县道与国道 G108 相连。各厂家距离 H 变电站公路运输距离均在 1000km 以上（除乙厂外），变压器公路运输车组车货总重达到了 650t，沿途桥梁无法满足主变压器公路运输车组通行要求。公路运输距离远，不确定因素多，大件运输条件恶劣，山区较多、道路窄、路况差，整体主变压器运输条件受限、不可控因素增多，运输费用较高，周期长。因此，各主变压器厂家至站址不推荐采用全程公路运输方案。

乙厂距离站址公路运输最远距离不超过 800km，沿途道路障碍经过整改可满足全程公路运输基本要求。

站址最近铁路运输终到站为平遥鑫盛煤炭有限公司集运站，运输距离为 82km。丙厂电抗器具备铁路运输条件，可以采用铁路运输方案。

黄骅港千吨码头距离站址公路运输距离 779km，为距离站址最近，可以完成主变压器及高压电抗器水路运输的码头。主变压器和电抗器可以采用水运和公路联合运输的运输方案，港口至站址公路运输距离长，整体运输条件受限，采取措施难度大，周期长，费用仍然很高。

研究分析过程

经过对 H 1000kV 变电站大件运输条件调查分析，对国内主变压器主要生产厂家进行调研，提出主变压器可以采用整体运输和解体运输，通过对两种方案对比分析，最终确定主变压器及高压电抗器运输方案。

（1）水路和公路联运。水路运输至黄骅港某码头，后转运公路运输至变电站。主变压器运输费甲厂主变压器及高压并联电抗器大件运输费用为 11200 万元，乙厂主变压器及高压并联电抗器大件运输费用为 11600 万元，丙厂主变压器及高压并联电抗器大件运输费用为 10800 万元。

主变压器整体运输参数见表 6－2－1。

表 6－2－1　　主变压器整体运输参数

序号	运输尺寸（长×宽×高，mm×mm×mm）	运输质量（t）	本期数量（台）	厂家
1	11500×4200（器身）×4970	397	4	甲厂
2	11190×4130（器身）×4990	388	4	乙厂
3	8810×4590（器身）×4999	345	4	丙厂

1000kV 变压器整体运输费用见表 6－2－2。

表 6-2-2　**1000kV 主变压器整体运输参数**

序号	生产厂家	设备	一程运输费和措施费（万元）	二程运输费（万元）	二程措施费（万元）	备注（万元）
1	甲厂	主变压器	1012	1504	8767	11200
2	乙厂	主变压器	—	1504	10123	11600
3	丙厂	主变压器	684	1504	8767	10800

从上表可以看出，无论哪个主变压器厂家，运输费用及措施费总和均超过 1 个亿，而且措施费占总费用的 80%以上。

（2）主变压器解体运输现场组装方案。经过调研，目前国内几大特高压主变压器制造厂家均具备成熟的特高压大容量变压器解体运输、现场组装技术，并且在超高压实际工程中得到过验证，因此特高压变压器解体运输、现场组装方案是可行的。主变压器解体方案需要建设变压器组装厂房，可以分为全部解体和局部解体。全部解体式变压器采用模块化设计，较局部解体变压器可进一步降低运输重量，但拆卸工作量和现场组织工作量较大。考虑到全部解体较局部解体方案更便于大件运输，拆解组装时间相差不多，同时为将来工程做技术储备，采用全部解体方案。

主变压器解体运输参数见表 6-2-3。

表 6-2-3　**主变压器解体运输参数**

序号	最大运输尺寸（长×宽×高，mm×mm×mm）	运输质量（t）	本期数量（台）	厂家
1	未提供	小于 100	4	甲厂
2	11190×4130（器身）×4100	小于 80	4	乙厂
3	8810×4590（器身）×4999	100	4	丙厂
4	11130×3910（器身）×4450	92	4	癸厂

从表 6-2-3 可以看出，综合各厂家设备情况，变压器解体运输重量均小于 100t，最重单体多为调压补偿变压器；解体运输与整体运输最大运输尺寸差别不大。

1000kV 变压器解体运输措施费用见表 6-2-4。

表 6-2-4　**1000kV 主变压器解体运输措施费用**

序号	生产厂家	设备	运输费和措施费（万元）	站内运输费（万元）	备注（万元）
1	甲厂	主变压器	1000	200	1200

续表

序号	生产厂家	设备	运输费和措施费（万元）	站内运输费（万元）	备注（万元）
2	乙厂	主变压器	760	200	960
3	丙厂	主变压器	960	200	1160
4	癸厂	主变压器	960	200	1160

从表 6－2－4 可以看出，各厂家变压器解体后增加了组装后站内二次运输费用，但总运输措施费用比整体运输减少了约 90%。

变压器采用解体方案与整体运输方案相比存在缺点，主要表现：① 生产运输组装加长工期，设备需要在厂家进行一次拆卸在现场进行一次组装，每台设备生产周期约增加 2 个月；② 现场施工配合工作量大，为满足现场组装要求需要预先做好组装厂房及配套工作，增加现场工作量。

设计方案

变压器运输采用全部解体方案，利用站内的原有备品备件库的场地位置，建设主变压器组装厂房兼备品备件库，组装厂房按单工位组装设计，设置 100/20t 吊车一台。

主变压器在工厂按模块化生产，完成各项试验检测合格后，按运输单元解体包装，准备运输。为保证各“运输单元”安全可靠的运输，要根据运输单元的不同采取相应的包装运输方式。

主变压器解体方案降低了运输重量，但外形尺寸减小不明显，铁路运输方案依然不适合。

主变压器解体后最大单体重量小于 100t，可以选用 120t 凹底车或桥式车组，一般高速路均可满足运输条件，公路运输是可行的。乙变压器厂家至本变电站无其他方式选择，公路运输方式为唯一选择。乙厂主变压器生产厂家可采用如下运输路径：

乙厂—市区道路—G106—S324—S222—G309—G208—G108—X373 县道—X013 乡道（5km）—进站公路—站址，运输线路全程约 470km。

其他厂家距离本变电站均在 1000km 以上，运输车辆尺寸较大，运输期间需要封路，不确定因素较多，不建议采用公路运输方案。除乙变压器厂家外主变压器解体后水路和公路联运方案仍是最优选择。变压器经水路运输至黄骅港某码头，后转运公路运输至变电站。

黄骅港至站址段以高速公路为主的运输线路为：黄骅港码头—黄石高速—京昆高速—S60 高速—祁县收费站—G108—X073—X013—进站道路—站址，运输线路全程约 779km，运输线路以高速公路为主，通过高度为 5.07m，满足运输条件。

实施情况与经验体会

采用解体变压器方案既降低运输风险，保证建设工期，又大大降低了大件设备运输费用。在本站实施变压器解体运输、现场组装方式提前为特高压建设做技术储备。

变压器运输方案选择需要结合运输条件、运输费用、建设工期等因素进行综合比较后确定。

设计配合篇

特高压工程工作量大、参与部门多，涉及业主单位、设计单位、科研单位、设备厂家、施工单位等多方的配合衔接。因此在设计方面需加强配合，优化流程，确保工程的顺利实施。

在详细设计开展前，设计单位应与建设、运行、检修等部门密切沟通，充分听取业主单位的意见和要求。变电站设计单位之间应明确职责分工、清楚划分设计界限、紧密配合协作，确定统一的设计原则，确保成品风格一致。设计单位应对全站工程设计负责，对各自所承担任务的质量和进度负责。设计单位与应科研单位、设备厂家之间有效沟通，正确理解科研、厂家的需求，在满足各方需求的同时，简化设计、施工难度，加快工程建设周期，降低工程造价。

案例　同一输变电工程相邻变电站线序配合问题

输电线路两侧线序不一致会影响变电站的顺利投运。本案例分析了发生此问题的过程及解决方法，提出工程中线路专业与变电专业之间配合资料的深度要求。

基本情况

某 1000kV 交流输变电工程中，N 1000kV 开关站本期建设 2 回出线至 H 1000kV 变电站，线路名称出现了同名回路Ⅰ、Ⅱ写反的现象。

研究分析过程

可研阶段，N 1000kV 开关站至 H 1000kV 变电站的线路名称并无错误，电气主接线如图 7-0-1、图 7-0-2 所示。

施工图阶段，因线路分包较细，涉及的设计院较多，N 1000kV 开关站变电设计单位与出口线路设计单位配合时，按可研阶段的出线名称提资，由南向北为 H 站Ⅱ、H 站Ⅰ；H 1000kV 变电站变电设计单位与出口线路设计单位配合时，该回线路名称Ⅰ、Ⅱ较可研有调整，但 H 1000kV 变电站出口线路设计单位未发现此问题。最终 N 1000kV 开关站出口线路设计单位的线路出线布置示意图中出线名称也未正确标识Ⅰ线、Ⅱ线，如图 7-0-3 所示。以上疏漏，造成了设计院未及时发现该同名回路Ⅰ线、Ⅱ线写反的问题。

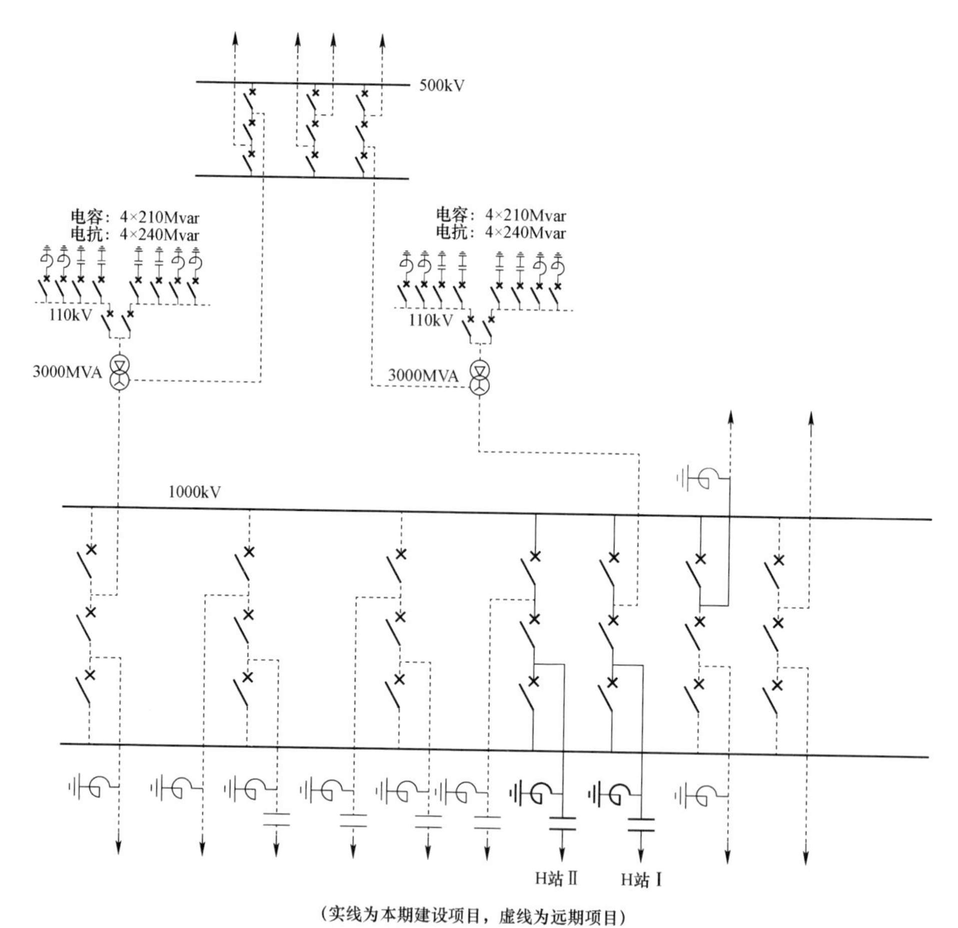

（实线为本期建设项目，虚线为远期项目）

图7-0-1　N 1000kV开关站电气主接线图

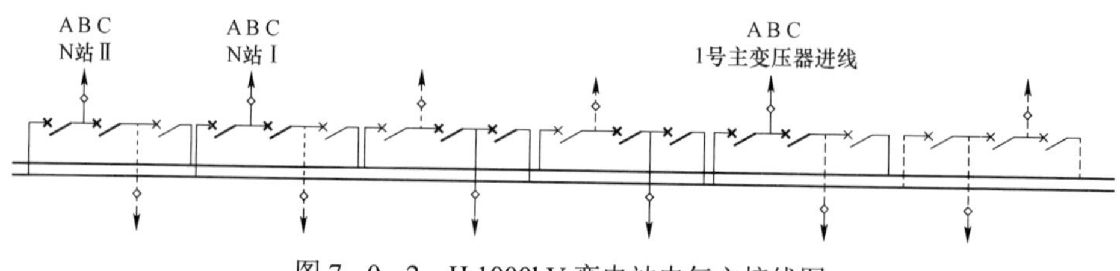

图7-0-2　H 1000kV变电站电气主接线图

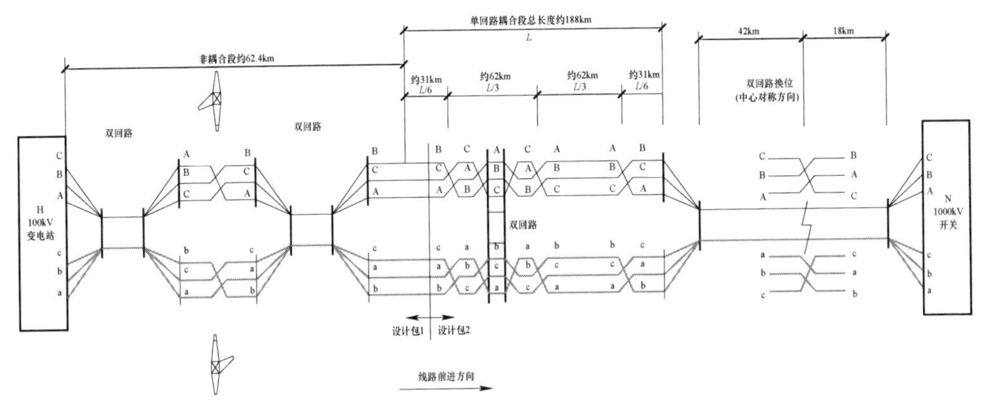

图 7－0－3　线路出线布置示意图

设计方案

现场发现此问题后，相关各单位进行了该输变电工程 1000kV 出线顺序、相序的核查工作。经过变电设计单位与线路设计单位逐段对比核查，该输变电工程中 N 1000kV 开关站与 H 1000kV 变电站出线间隔排序（同名回路Ⅰ、Ⅱ）不一致，考虑到 N 1000kV 开关站图纸改动量较小，决定由 N 1000kV 开关站调整出线间隔编号并修改相应图纸。

实施情况与经验体会

N 1000kV 开关站各专业按要求修改了相关图纸。后续工程应重视线路专业与变电专业的配合，以及设计单位之间的配合，线路间隔排序、相序等要求均应在提资中准确、完整地表示清楚，避免出现后期调整带来的一系列问题。